中国科学院华南植物园
中国林业科学研究院热带林业研究所
广州市从化区林业和园林局
广东从化陈禾洞省级自然保护区管理处

曹洪麟　朱永钊　黄久香　◎主编

广东从化陈禾洞省级自然保护区
植物多样性编目与植被

中国林業出版社
CFPH China Forestry Publishing House

图书在版编目(CIP)数据

广东从化陈禾洞省级自然保护区植物多样性编目与植被 / 曹洪麟，朱永钊，黄久香主编．—北京：中国林业出版社，2021.9

（广东从化陈禾洞省级自然保护区管护成效丛书）

ISBN 978-7-5219-1379-8

Ⅰ．①广…　Ⅱ．①曹…　②朱…　③黄…　Ⅲ．①自然保护区-生物多样性-编目-广东②自然保护区-植被-广东　Ⅳ．①S759.992.65

中国版本图书馆 CIP 数据核字(2021)第 203406 号

中国林业出版社·自然保护分社(国家公园分社)

责编和策划编辑： 王远　肖静

出版发行	中国林业出版社(100009　北京市西城区刘海胡同 7 号) http://www.forestry.gov.cn/lycb.html　　电话：(010)83143577
印　　刷	河北京平诚乾印刷有限公司
版　　次	2021 年 9 月第 1 版
印　　次	2021 年 9 月第 1 次印刷
开　　本	710mm×1000mm　1/16
印　　张	9
彩　　插	6 面
字　　数	138 千字
定　　价	50.00 元

编委会

主　　任： 詹大欢　曹洪麟

副 主 任： 朱永钊　黎　均

主　　编： 曹洪麟　朱永钊　黄久香

副 主 编： 黄力明　张　硕　许　涵　熊露桥

编　　委：（以姓氏拼音排序）

曹洪麟　陈焕锦　陈　静　陈晓熹
邓华富　董　辉　郭　韵　黄焕新
黄久香　黄力明　黄萧洒　蒋　蕾
黎　均　李焜钊　李意德　李泽亮
练琚愉　麦思珑　申长青　孙观灵
覃俏梅　王丹枫　汪惠峰　吴林芳
吴文华　熊露桥　许　涵　许耀辉
叶华谷　叶瑞银　余佩琪　曾飞燕
詹大欢　张　蒙　张　硕　朱韦光
朱永钊

参加单位： 中国科学院华南植物园
中国林业科学研究院热带林业研究所
广州市从化区林业和园林局
广东从化陈禾洞省级自然保护区管理处

前　言

植物资源是自然资源的重要组成部分，是人类生存和发展的物质基础。植物区系是指某个区域某个时期某个分类群或某个植被类型等所包含的植物种类的总称，是植物界在一定自然环境中长期发展演化的结果。对某一地区进行植物多样性编目，是在全面调查基础上对区域内所有植物的分类地位、生态习性和分布状况等进行分析，从而为区域植物多样性的保护、管理和可持续利用提供科学依据。

植被是一个区域植物群落的总和。植被资源是保护区自然资源的重要组成部分，也是区域自然环境状况的具体体现。森林植被是陆域生态系统的主体，是动植物资源赖以生存和发展的载体。植被的恢复与重建，特别是地带性森林植被类型的恢复与重建是区域动植物资源保护与发展的关键。

广东从化陈禾洞省级自然保护区位于广州市从化区吕田镇境内，于 2007 年 1 月经广东省人民政府批准建立。其保护历史始于 1994 年 3 月广州抽水蓄能电厂第一期建成发电之时，广州抽水蓄能电厂是我国第二座核电厂——大亚湾核电厂的配套工程，于 1989 年 5 月动工建设，2000 年 3 月全面竣工。电厂建成发电后，为加强对电厂库区水源涵养林的保护，对厂区上、下水库周边林地开始了较为严格的补偿性保护，由电厂给林地所属村委拨付一定的资金作为林地补偿金，不再允许村民对林地进行商业性采伐。保护区成立后，通过签订保护协议等方式，扩大了保护范围，进一步加强了对区内森林资源的保护。

保护区位于九连山脉的南端，属低山山地类型，海拔 800m 以上的山峰有 30 多座，最高为海拔 1146m 的鸡枕山，另外还有海拔 1036m 的三角山、海拔 1085m 的桂峰山等，与南部的南昆山共同组成珠江三角洲地区的东北屏障，并称为广东“四大物种分布中心”之一。这些地区往往水热同季且降水量特别巨大，常常孕育有较多的特有物种，而且森林植被的正向演替进程一般较迅速。保护区通过 20 多年的保护，植被类型的正向演替效应显著。

为了更好地了解保护区植物资源状况和植被演替动态，2016 年广州市林业和园林局设立“陈禾洞省级自然保护区动植物本底资源调查”项目，由中国科学院华南植物园通过公开投标方式中标该项目，通过为期 2 年半的调查，项目组通过全域调查的方式，对保护区内所有维管束植物（包括区系成分、资源植物、珍稀濒危保护植物、外来入侵植物等)，以及所有植被类型(包括种类组成、区系成分、外貌与结构特征、分布等)进行了较为详细的调查研究。

本书在实地调查并参考前人资料基础上整理而成。植物编目中科的系统排序为：蕨类植物按秦仁昌系统(1978 年)，裸子植物按郑万钧系统(1978 年)，被子植物按哈钦松系统(1934 年)。植物学名参考《Flora of China》进行了更新。为了更直观地体现保护区植被的现状，笔者还绘制了植被类型分布图，图中的植被分类系统与本报告相同。

本书在编写和出版过程中，得到了广州市野生动植物保护管理办公室、广东从化陈禾洞省级自然保护区管理处、中国科学院华南植物园、中国林业科学研究院热带林业研究所、广州林芳生态科技有限公司等单位的支持和帮助。谨向在本书编辑和出版过程中作出贡献的单位和个人表示衷心的感谢！

本书可供植物学、林学、生态学工作者，大专院校师生，植物保护组织工作人员和植物爱好者参考使用。由于水平所限，疏漏和错误之处在所难免，恳请读者、专家和朋友们批评指正。

编委会

2021 年 1 月

目　录

第一章　自然环境概况[①]

一、地理位置

广东陈禾洞省级自然保护区位于广州市从化区东北部吕田镇境内，距广州市区约100km，地理坐标为东经113°49′52″～114°02′03″、北纬23°43′08″～23°48′14″，保护区北部为从化区吕田镇、西南部为从化区良口镇、东部和南部则与惠州市龙门县交界，东西长约21km，南北宽约5km，呈东西长、南北窄的长条状。国道105线从保护区东部及北部边缘通过，保护区距大广高速吕田出口仅8km，交通便利。保护区规划总面积为7059.99hm^2。

保护区所在地的从化区位于广东省中部，广州市东北面，东邻惠州龙门县、广州增城区，南与白云区接壤，西与花都区、清远市相连，北界毗邻佛冈县、新丰县，地处大珠江三角洲经济圈，属于广州“北优”发展战略的重要组成部分，是珠江三角洲通往粤北、华东和中原地区的交通咽喉。

二、地质与地貌

1. 地质构造与岩性

本区地质早期是东西构造，后期叠加北东向构造。断裂构造主要有北东、北西和近东西向三组，由北西—北北西和南东—南南东的区域构造应力场挤压下形成。新构造运动以大面积间歇性整体升降为主。主要岩性为燕山三期中粗粒黑云母花岗岩和后期侵入的燕山四期细粒花岗岩、煌斑岩、方解石脉、石英脉等。保护区北部边缘的鞍山和吕田小盆地中有几座喀斯特小山峰出露。

2. 地貌

本区地貌发展历史较悠久，大约从白垩纪末至第三纪初(大约7000万年前)本区山地开始上升，遭受侵蚀剥蚀，经过喜马拉雅山运动和新构造运动的影响，本区继续抬升，造成本区以侵蚀地貌为主，堆积地貌仅发育于河谷盆地中。保护区所在的吕田镇属华夏古陆华南地台的一部分，地貌形态多样，地形陡峭复杂，主要有山地、丘陵、台地和谷地等。山脉大致呈东西向分布，东北面山脉地势峻

---

① 本部分内容主要参考2009年编制的《广东从化陈禾洞省级自然保护区总体规划(2011—2020)》(未出版)。

峭，山体较为密集，坡度大部分为35°~40°，局部坡度达80°，西面、南面地势较为平缓，坡度为25°~30°。区内发育有几级剥蚀面，各剥蚀面相当于第三纪以来不同期地壳抬升夷平面，其中，广州蓄能电站上、下水库就是不同期夷平面上经侵蚀而成的山间盆地，电站上库位于陈禾洞盆地，下库位于小杉盆地。

区内山峦起伏，地势东北高、西南低，海拔800m以上的山峰有30多座，保护区海拔最高为1146m的鸡枕山，另外还有海拔1036m的三角山，海拔1085m的桂峰山等，海拔最低则为流经塘田村小溪的南部，海拔约210m。海拔800m的旧陈禾洞村，是“广州抽水蓄能电站”的上水库所在地，湖面面积达112km^2，周围群山起伏，风景秀丽。

三、气候

本区地处亚热带南缘，北回归线偏南穿过，属南亚热带湿润季风气候，气候温和，年平均气温19.5~21.4℃，极端最高气温39~42℃，极端最低气温-1.0~2.9℃，最高气温多出现在七月和八月，最低气温一般出现在一月和二月，冬季有霜期5~10天；雨量充沛，区内多年平均降雨量2000mm左右，多集中在4~9月，占全年降水的80%以上，陈禾洞盆地降雨较多，雨量多达2300mm；日照时间长，太阳辐射能力强，年总辐射量440870J/cm^2。四季特征为春季冷暖多变，阴湿多雨；夏季晴多高温，时有大风和暴雨；秋季气爽少雨，常遇干旱和“寒露风”；冬季多晴天，气候干燥，常见霜冻。气象灾害有水灾、旱灾、低温冷害、大风和冰雹等。

陈禾洞盆地地势较高，山岭重叠，山间相互荫蔽，日照少，云雾多，湿度大，气温低。夏季高温期降雨多，显得气候凉爽；冬季则风和日丽，天气晴朗；夜间辐射冷却，气温低，昼夜温差较大，形成得天独厚的气候条件。

因中国幅员广大，各地气温悬殊，四季的长短也不一样。广东省根据其位置偏南、热量资源丰厚等特点，常以阳历2~3月为春季，4~9月为夏季，10~11月为秋季，12月至翌年1月为冬季。本区的四季亦以此标准划分。据此可见，本区的夏季长达半年之久，但冬季只有2个月，且日平均气温多在10℃以上，表现出暖热少寒、夏长冬短的特点。

四、土壤

土壤的发生受岩石、地形、气候、生物和人为活动的共同影响。保护区地带性土壤类型为赤红壤，随着海拔梯度不同，从高到低，保护区内土壤类型可分为灌丛草甸土、山地黄壤、山地红壤和赤红壤，在山谷、平地还分布有少量的冲积土和水稻土，在边缘喀斯特山峰周围还发育少量的红色石灰土。地带性土壤的特性及垂直分布规律如下。

(1)灌丛草甸土

分布于海拔1100m以上山顶。此区气温低，风大，乔木难于生长，只有在山坑或谷地生长五列木、吊钟花、杜鹃等低矮植物种类。土壤表层有机质含量较高，pH4.7左右。

(2)山地黄壤

一般分布在海拔600~1000m的山地，植被多为山地常绿阔叶林。由于气候温暖，雨水多，湿度大，云雾多，植物物种丰富，表层有机质积累明显，土层有机质含量中等，心土出现大量游离氧化铁与结合形成的水氧化铁，pH4.8左右。

(3)山地红壤

分布在海拔300~600m的山地，多为常绿阔叶林和马尾松针阔叶混交林。土壤表层有机质含量较低，pH5.5左右，轻度富铝化，胶体硅铝率为2.0左右。由于坡度大，地势较陡，土层一般较浅薄。

(4)赤红壤

分布在海拔300m以下的低山丘陵。这类土壤生产力最高，利用潜力最大，土层较厚，呈浅黄棕色，质地为轻壤，结构为粒状，湿度较大，pH4.5~5.0，有机质含量较低，该群落属于演替发展阶段南亚热带季风常绿阔叶林。

五、水文

水系：区内有陈禾洞水、九曲水等水系，为流溪河三级支流。陈禾洞水发源于九连山脉南昆山段的白石顶东麓，流经陈禾洞村、老荣盘、火烧牛栏，并汇入牛栏河，合计全长8.61km，面积11.44km^2；九曲水发源于九连山脉南昆山段的三角山北麓，流经九水村、龙屋、安山，并汇入牛栏河，全长13.6km，面积35.13km^2。

水质：根据珠江流域水环境监测中心2004年对区内的水库水、水源水及饮用水选取水样后的分析检测报告，以《地表水环境质量标准》国家标准(GB 3838-2002)所相应的24项水质标准为对照，分析保护区内的水质状况。结果显示，水温、pH、高锰酸盐指数、生化需氧量、氨氮、总磷、锌、铁、锰、铅、六价铬、汞、砷、氟化物、氰化物、挥发酚、石油类、阴离子表面活性剂等18项水质指标值为Ⅰ类，占75.0%；溶解氧、总氮、粪大肠菌群等3项水质指标为Ⅱ类，占12.5%，即Ⅰ、Ⅱ类达87.5%，说明该保护区内的水质状况良好，是较优异的源头水。

第二章　植物物种多样性

第一节　研究方法

调查时间为2016年6月至2018年5月，每年分4季，每季1~2次，对保护区进行了全域性的全面调查，采集了2200多号近5000份标本，拍摄了12000多张照片，在这些工作基础上整理出《广东从化陈禾洞省级自然保护区植物名录》，进而对该地区植物区系进行分析。

第二节　植物多样性编目

本名录以本次调查采集标本鉴定为主，参考前人在本保护区调查的成果，并在查阅中国科学院华南植物园标本馆(IBSC)标本的基础上整理《广东从化陈禾洞省级自然保护区植物名录》，其中的采集号为本次调查所采集的标本编号，没有采集号的多为常见植物种类，并可在CFH上查阅该照片(http：//www. cfh. ac. cn/user/Album. aspx？ albumid = 5f6ccaa7-08ef-430d-b2db-979fa5633bfc&Username=lfecology)。

本名录(表2. 1)共收录陈禾洞保护区及周边地区维管束植物1173种(包括亚种、变种和变型)，隶属于193科627属。其中，包含常见栽培植物34种(中文名前带＊者)，野生植物1139种。

名录的排列，蕨类植物按秦仁昌系统(1978年)；裸子植物按郑万钧系统(1978年)；被子植物按哈钦松系统(1934年)。本名录主要参考《中国植物志》英文版(《Flora of China》)，部分种类参考《中国植物志》中文版。

表 2.1 广东从化陈禾洞省级自然保护区植物名录

编号	科名	科号	属名	中文名	拉丁学名	采集号
1	石杉科	P2	石杉属	蛇足石杉	*Huperzia serrata*(Thunb.)Trevs.	007514
2	石杉科	P2	马尾杉属	华南马尾杉	*Phlegmariurus austrosinicus*(Ching)Li Bing Zhang	007553
3	石杉科	P2	马尾杉属	福氏马尾杉	*Phlegmariurus fordii*(Baker)Ching	8850
4	石松科	P3	藤石松属	藤石松	*Lycopodiastrum casuarinoides*(Spring)Holub ex R. D. Dixit	007221、007409、09914、09980
5	石松科	P3	垂穗石松属	垂穗石松	*Lycopodium cernuum* L.	007121
6	卷柏科	P4	卷柏属	薄叶卷柏	*Selaginella delicatula*(Desv. ex Poir.)Alston	
7	卷柏科	P4	卷柏属	深绿卷柏	*Selaginella doederleinii* Hieron.	007306、CHD0014
8	卷柏科	P4	卷柏属	细叶卷柏	*Selaginella labordei* Hieron. ex Christ	10094、CHD0116
9	卷柏科	P4	卷柏属	耳基卷柏	*Selaginella limbata* Alston	8900
10	卷柏科	P4	卷柏属	黑顶卷柏	*Selaginella picta* A. Br. ex Baker	007429、09890、8952、CHD0127
11	卷柏科	P4	卷柏属	疏叶卷柏	*Selaginella remotifolia* Spring	007418
12	卷柏科	P4	卷柏属	糙叶卷柏	*Selaginella scabrifolia* Ching & Chu H. Wang	CHD0100
13	木贼科	P6	木贼属	节节草	*Equisetum ramosissimum* Desf.	007463
14	木贼科	P6	木贼属	笔管草	*Equisetum ramosissimum* subsp. *debile*(Roxb. ex Vaucher)Hauke	007069
15	瓶尔小草科	P9	瓶尔小草属	心脏叶瓶尔小草	*Ophioglossum reticulatum* L.	10019
16	观音座莲科	P11	观音座莲属	福建莲座蕨	*Angiopteris fokiensis* Hieron.	09987
17	紫萁科	P13	紫萁属	紫萁	*Osmunda japonica* Thunb.	09975
18	紫萁科	P13	紫萁属	华南紫萁	*Osmunda vachellii* Hook.	09593、CHD0126
19	瘤足蕨科	P14	瘤足蕨属	华东瘤足蕨	*Plagiogyria japonica* Nakai	
20	瘤足蕨科	P15	瘤足蕨属	镰羽瘤足蕨	*Plagiogyria falcata* Copel.	
21	里白科	P15	芒萁属	大芒萁	*Dicranopteris ampla* Ching & P. S. Chiu	10160
22	里白科	P15	芒萁属	芒萁	*Dicranopteris pedata*(Houtt.)Nakaike	10159
23	里白科	P15	里白属	中华里白	*Diplopterygium chinense*(Rosenst.)De Vol	007132
24	里白科	P15	里白属	光里白	*Diplopterygium laevissimum*(Christ)Nakai	09531
25	海金沙科	P17	海金沙属	海金沙	*Lygodium japonicum*(Thunb.)Sw.	007411、CHD0207
26	海金沙科	P17	海金沙属	小叶海金沙	*Lygodium microphyllum*(Cav.)R. Br.	007141
27	膜蕨科	P18	瓶蕨属	瓶蕨	*Vandenboschia auriculata*(Blume)Copel.	
28	膜蕨科	P18	膜蕨属	华东膜蕨	*Hymenophyllum barbatum*(Bosch)Baker	8879

（续）

编号	科名	科号	属名	中文名	拉丁学名	采集号
29	膜蕨科	P18	膜蕨属	蕗蕨	*Hymenophyllum badium* Hook. & Grev.	007376
30	蚌壳蕨科	P19	金毛狗属	金毛狗	*Cibotium barometz*(L.) J. Sm.	007427、09861
31	桫椤科	P20	桫椤属	粗齿桫椤	*Alsophila denticulata* Baker	
32	桫椤科	P20	桫椤属	黑桫椤	*Alsophila podophylla* Hook.	CHD0283
33	桫椤科	P20	桫椤属	桫椤	*Alsophila spinulosa*(Wall. ex Hook.) R. M. Tryon	CHD0124
34	碗蕨科	P22	碗蕨属	碗蕨	*Dennstaedtia scabra*(Wall. ex Hook.) T. Moore	09561
35	碗蕨科	P22	碗蕨属	光叶碗蕨	*Dennstaedtia scabra* var. *glabrescens*(Ching) C. Chr.	007361
36	碗蕨科	P22	鳞盖属	边缘鳞盖蕨	*Microlepia marginata*(Panzor) C. Chr.	CHD0032
37	鳞始蕨科	P23	鳞始蕨属	钱氏鳞始蕨	*Lindsaea chienii* Ching	
38	鳞始蕨科	P23	鳞始蕨属	团叶鳞始蕨	*Lindsaea orbiculata*(Lam.) Mett. ex Kuhn	007421、09727
39	鳞始蕨科	P23	乌蕨属	乌蕨	*Odontosoria chinensis*(L.) J. Sm.	007115、CHD0141
40	蕨科	P26	蕨属	蕨	*Pteridium aquilinum* var. *latiusculum*(Desv.) Underw. ex A. Heller	007225、09917
41	蕨科	P26	蕨属	毛轴蕨	*Pteridium revolutum*(Blume) Nakai	
42	凤尾蕨科	P27	凤尾蕨属	剑叶凤尾蕨	*Pteris ensiformis* Burm. f.	007145、007581、CHD0272
43	凤尾蕨科	P27	凤尾蕨属	傅氏凤尾蕨	*Pteris fauriei* Hieron.	007301、10107、8921、CHD0162、CHD0179
44	凤尾蕨科	P27	凤尾蕨属	全缘凤尾蕨	*Pteris insignis* Mett. ex Kuhn	007299、09552、09554、09619、8854、CHD0118
45	凤尾蕨科	P27	凤尾蕨属	线羽凤尾蕨	*Pteris arisanensis* Tagawa	10168
46	凤尾蕨科	P27	凤尾蕨属	井栏边草	*Pteris multifida* Poir.	007162、10170
47	凤尾蕨科	P27	凤尾蕨属	半边旗	*Pteris semipinnata* L.	09876、CHD0182
48	凤尾蕨科	P27	凤尾蕨属	蜈蚣草	*Pteris vittata* L.	007062、007392、007393、CHD0254
49	中国蕨科	P30	金粉蕨属	野雉尾金粉蕨	*Onychium japonicum*(Thunb.) Kunze	
50	铁线蕨科	P31	铁线蕨属	扇叶铁线蕨	*Adiantum flabellulatum* L.	007391、09807
51	水蕨科	P32	水蕨属	水蕨	*Ceratopteris thalictroides*(L.) Brongn.	
52	裸子蕨科	P33	凤丫蕨属	凤了蕨	*Coniogramme japonica*(Thunb.) Diels	8844
53	裸子蕨科	P33	粉叶蕨属	粉叶蕨	*Pityrogramma calomelanos*(L.) Link	10025
54	书带蕨科	P35	书带蕨属	书带蕨	*Haplopteris flexuosa*(Fée) E. H. Crane	007567

（续）

编号	科名	科号	属名	中文名	拉丁学名	采集号
55	蹄盖蕨科	P36	对囊蕨属	东洋对囊蕨	*Deparia japonica*(Thunb.) M. Kato	007297
56	蹄盖蕨科	P36	对囊蕨属	毛叶对囊蕨	*Deparia petersenii*(Kunze) M. Kato	007461
57	蹄盖蕨科	P36	对囊蕨属	单叶对囊蕨	*Deparia lancea*(Thunb.) Fraser-Jenk.	007292、007513、09857、CHD0180
58	蹄盖蕨科	P36	短肠蕨属	毛柄双盖蕨	*Diplazium dilatatum* Blume	007289
59	蹄盖蕨科	P36	双盖蕨属	厚叶双盖蕨	*Diplazium crassiusculum* Ching	
60	蹄盖蕨科	P36	双盖蕨属	双盖蕨	*Diplazium donianum*(Mett.) Tardieu	09686
61	蹄盖蕨科	P36	双盖蕨属	食用双盖蕨	*Diplazium esculentum*(Retz.) Sw.	007256、007428
62	蹄盖蕨科	P36	短肠蕨属	江南双盖蕨	*Diplazium mettenianum*(Miq.) C. Chr.	007284、007552
63	蹄盖蕨科	P36	双盖蕨属	毛轴双盖蕨	*Diplazium pullingeri*(Baker) J. Sm.	
64	金星蕨科	P38	毛蕨属	渐尖毛蕨	*Cyclosorus acuminatus*(Houtt.) Nakai	007046、007080、007232、007241
65	金星蕨科	P38	毛蕨属	华南毛蕨	*Cyclosorus parasiticus*(L.) Farw.	007130、007233、09700
66	金星蕨科	P38	圣蕨属	圣蕨	*Dictyocline griffithii* Mett.	8853
67	金星蕨科	P38	圣蕨属	羽裂圣蕨	*Dictyocline wilfordii*(Hook.) J. Sm.	
68	金星蕨科	P38	金星蕨属	金星蕨	*Parathelypteris glanduligera*(Kunze) Ching	
69	金星蕨科	P38	新月蕨属	红色新月蕨	*Pronephrium lakhimpurense*(Rosenst.) Holttum	09853
70	金星蕨科	P38	新月蕨属	微红新月蕨	*Pronephrium megacuspe*(Baker) Holttum	007455、10079、CHD0041、CHD0161
71	金星蕨科	P38	新月蕨属	单叶新月蕨	*Pronephrium simplex*(Hook.) Holttum	007169
72	金星蕨科	P38	新月蕨属	三羽新月蕨	*Pronephrium triphyllum*(Sw.) Holttum	
73	金星蕨科	P38	假毛蕨属	镰片假毛蕨	*Pseudocyclosorus falcilobus*(Hook.) Ching	CHD0022
74	铁角蕨科	P39	铁角蕨属	倒挂铁角蕨	*Asplenium normale* D. Don	8872
75	铁角蕨科	P39	铁角蕨属	长叶铁角蕨	*Asplenium prolongatum* Hook.	WZH0140
76	铁角蕨科	P39	铁角蕨属	拟大羽铁角蕨	*Asplenium sublaserpitiifolium* Ching	
77	乌毛蕨科	P42	苏铁蕨属	苏铁蕨	*Brainea insignis*(Hook.) J. Sm.	
78	乌毛蕨科	P42	乌毛蕨属	乌毛蕨	*Blechnum orientale* L.	007368、007441
79	乌毛蕨科	P42	崇澍蕨属	崇澍蕨	*Chieniopteris harlandii*(Hook.) Ching	007555、CHD0167
80	乌毛蕨科	P42	狗脊蕨属	狗脊	*Woodwardia japonica*(L. f.) Smith	007426、09512
81	鳞毛蕨科	P45	复叶耳蕨属	大片复羽耳蕨	*Arachniodes cavaleriei*(Christ) Ohwi	09664、CHD0138
82	鳞毛蕨科	P45	复叶耳蕨属	刺头复叶耳蕨	*Arachniodes aristata*(G. Forst.) Tindale	8852

（续）

编号	科名	科号	属名	中文名	拉丁学名	采集号
83	鳞毛蕨科	P45	复叶耳蕨属	粗裂复叶耳蕨	*Arachniodes grossa*(Tardieu & C. Chr.) Ching	09684、10176、WZH0018、WZH0084
84	鳞毛蕨科	P45	复叶耳蕨属	多羽复叶耳蕨	*Arachniodes amoena*(Ching) Ching	8838
85	鳞毛蕨科	P45	耳蕨属	巴郎耳蕨	*Polystichum balansae* Christ	007372、8851
86	鳞毛蕨科	P45	贯众属	全缘贯众	*Cyrtomium falcatum*(L. f.) C. Presl	007580
87	鳞毛蕨科	P45	贯众属	贯众	*Cyrtomium fortunei* J. Sm.	
88	鳞毛蕨科	P45	鳞毛蕨属	阔鳞鳞毛蕨	*Dryopteris championii*(Benth.) C. Chr. ex Ching	CHD0019
89	鳞毛蕨科	P45	鳞毛蕨属	迷人鳞毛蕨	*Dryopteris decipiens*(Hook.) Kuntze	007403、007511、09508、CHD0121
90	鳞毛蕨科	P45	鳞毛蕨属	黑足鳞毛蕨	*Dryopteris fuscipes* C. Chr.	007231
91	鳞毛蕨科	P45	鳞毛蕨属	平行鳞毛蕨	*Dryopteris indusiata*(Makino) Makino & Yamam.	8866
92	鳞毛蕨科	P45	鳞毛蕨属	鱼鳞鳞毛蕨	*Dryopteris paleolata*(Pic. Serm.) Li Bing Zhang	09663
93	鳞毛蕨科	P45	鳞毛蕨属	柄叶鳞毛蕨	*Dryopteris podophylla*(Hook.) Kuntze	8857
94	鳞毛蕨科	P45	鳞毛蕨属	无盖鳞毛蕨	*Dryopteris scottii*(Bedd.) Ching ex C. Chr.	09519、09557、8847
95	鳞毛蕨科	P45	鳞毛蕨属	奇羽鳞毛蕨	*Dryopteris sieboldii*(Van Houtte ex Mett.) Kuntze	007268、007414
96	鳞毛蕨科	P45	鳞毛蕨属	变异鳞毛蕨	*Dryopteris varia*(L.) Kuntze	007257
97	叉蕨科	P46	黄腺羽蕨属	黄腺羽蕨	*Pleocnemia winitii* Holttum	
98	叉蕨科	P46	叉蕨属	三叉蕨	*Tectaria subtriphylla*(Hook. & Arn.) Copel.	007574
99	实蕨科	P47	实蕨属	华南实蕨	*Bolbitis subcordata*(Copel.) Ching	007175、10032
100	实蕨科	P47	实蕨属	刺蕨	*Bolbitis appendiculata*(Willd.) K. Iwats.	
101	舌蕨科	P49	舌蕨属	华南舌蕨	*Elaphoglossum yoshinagae*(Yatabe) Makino	
102	肾蕨科	P50	肾蕨属	肾蕨	*Nephrolepis cordifolia*(L.) C. Presl	09517、8923
103	蓧蕨科	P51	条蕨属	华南条蕨	*Oleandra cumingii* J. Sm.	007527、8846、WZH0086
104	骨碎补科	P52	骨碎补属	大叶骨碎补	*Davallia divaricata* Blume	10178
105	骨碎补科	P52	阴石蕨属	杯盖阴石蕨	*Humata griffithiana* (Hook.) C. Chr.	007245
106	水龙骨科	P56	薄唇蕨属	线蕨	*Leptochilus ellipticus* (Thunb.) Noot.	007226
107	水龙骨科	P56	伏石蕨属	披针骨牌蕨	*Lemmaphyllum diversum* (Rosenst.) Tagawa	WZH0109
108	水龙骨科	P56	伏石蕨属	伏石蕨	*Lemmaphyllum microphyllum* C. Presl	007412、09902
109	水龙骨科	P56	瓦韦属	瓦韦	*Lepisorus thunbergianus* (Kaulf.) Ching	007416

（续）

编号	科名	科号	属名	中文名	拉丁学名	采集号
110	水龙骨科	P56	鲜果星蕨属	鳞果星蕨	*Lepidomicrosorium buergerianum* (Miq.) Ching & K. H. Shing ex S. X. Xu	8865
111	水龙骨科	P56	星蕨属	羽裂星蕨	*Microsorum insigne* (Blume) Copel.	007278
112	水龙骨科	P56	盾蕨属	江南星蕨	*Neolepisorus fortunei* (T. Moore) Li Wang	10175
113	水龙骨科	P56	星蕨属	有翅星蕨	*Microsorum pteropus* (Blume) Copel.	
114	水龙骨科	P56	石韦属	石韦	*Pyrrosia lingua* (Thunb.) Farw.	007401、8861
115	水龙骨科	P56	修蕨属	喙叶假瘤蕨	*Selliguea rhynchophylla* (Hook.) Fraser-Jenk.	8880
116	槲蕨科	P57	槲蕨属	槲蕨	*Drynaria roosii* Nakaike	007163
117	禾叶蕨科	P59	禾叶蕨属	短柄滨禾蕨	*Oreogrammitis dorsipila* (Christ) Parris	007559、09676
118	松科	G4	松属	湿地松	*Pinus elliotii* Engelm.	007375
119	松科	G4	松属	马尾松	*Pinus massoniana* Lamb.	WZH0005、WZH0011
120	杉科	G5	杉木属	杉木	*Cunninghamia lanceolata*(Lamb.) Hook.	
121	杉科	G5	落羽杉属	*落羽杉	*Taxodium distichum* (L.) Rich.	
122	柏科	G9	刺柏属	龙柏	*Juniperus chinensis* ‘Kaizuka’	
123	罗汉松科	G7	罗汉松属	百日青	*Podocarpus neriifolius* D. Don	WZH0092
124	三尖杉科	G6	三尖杉属	三尖杉	*Cephalotaxus fortunei* Hook.	
125	红豆杉科	G3	穗花杉属	穗花杉	*Amentotaxus argotaenia* (Hance) Pilg.	
126	买麻藤科	G11	买麻藤属	小叶买麻藤	*Gnetum parvifolium* (Warb.) C. Y. Cheng ex Chun	09863、CHD0240
127	木兰科	1	木莲属	木莲	*Manglietia fordiana* oliv.	10046
128	木兰科	1	木莲属	毛桃木莲	*Manglietia kwangtungensis* (Merr.) Dandy	09549、007197、8840
129	木兰科	1	木莲属	厚叶木莲	*Manglietia pachyphylla* Hung T. Chang	007196、09535、8839
130	木兰科	1	含笑属	*白兰	*Michelia* × *alba* DC.	CHD0200
131	木兰科	1	含笑属	*含笑花	*Michelia figo* (Lour.) Spreng.	
132	木兰科	1	含笑属	金叶含笑	*Michelia foveolata* Merr. ex Dandy	09513
133	木兰科	1	含笑属	*展毛含笑	*Michelia macclurei* Dandy	007190
134	木兰科	1	含笑属	深山含笑	*Michelia maudiae* Dunn	09560
135	木兰科	1	含笑属	野含笑	*Michelia skinneriana* Dunn	007137、007173、007360、09820、WZH0078、WZH0114

（续）

编号	科名	科号	属名	中文名	拉丁学名	采集号
136	木兰科	1	含笑属	观光木	*Michelia odora*（Chun）Noote & B. L. Chen	007357、10147、CHD0103
137	八角科	2A	八角属	小花八角	*Illicium micranthum* Dunn	007478
138	八角科	2A	八角属	粤中八角	*Illicium tsangii*A. C. Sm.	
139	五味子科	3	南五味子属	黑老虎	*Kadsura coccinea*(Lem.) A. C. Sm.	09683、09984、8971
140	五味子科	3	南五味子属	异形南五味子	*Kadsura heteroclita*（Roxb.）Craib	
141	五味子科	3	五味子属	绿叶五味子	*Schisandra arisanensis* Hayata subsp. *viridis*(A. C. Sm.) R. M. K. Saunders	
142	番荔枝科	8	鹰爪花属	鹰爪花	*Artabotrys hexapetalus*（L. f.）Bhandari	007322
143	番荔枝科	8	鹰爪花属	香港鹰爪花	*Artabotrys hongkongensis* Hance	CHD0164、10156
144	番荔枝科	8	假鹰爪属	假鹰爪	*Desmos chinensis* Lour.	09930
145	番荔枝科	8	瓜馥木属	白叶瓜馥木	*Fissistigma glaucescens*（Hance）Merr.	09817
146	番荔枝科	8	瓜馥木属	瓜馥木	*Fissistigma oldhamii*(Hemsl.) Merr.	007425、007476、09598、10027
147	番荔枝科	8	瓜馥木属	香港瓜馥木	*Fissistigma uonicum*（Dunn）Merr.	007180、10085
148	番荔枝科	8	紫玉盘属	光叶紫玉盘	*Uvaria boniana* Finet & Gagnep.	007174、10023、10068
149	樟科	11	琼楠属	广东琼楠	*Beilschmiedia fordii* Dunn	007538
150	樟科	11	琼楠属	网脉琼楠	*Beilschmiedia tsangii* Merr.	09506、09547
151	樟科	11	无根藤属	无根藤	*Cassytha filiformis* L.	
152	樟科	11	樟属	华南桂	*Cinnamomum austrosinense* Hung T. Chang	
153	樟科	11	樟属	阴香	*Cinnamomum burmannii*（Nees & T. Nees）Blume	007397
154	樟科	11	樟属	樟	*Cinnamomum camphora*（L.）Presl	CHD0197
155	樟科	11	樟属	红辣槁树	*Cinnamomum kwangtungense* Merr.	007497、09620
156	樟科	11	樟属	黄樟	*Cinnamomum parthenoxylon*（Jack）Meisner	
157	樟科	11	樟属	粗脉桂	*Cinnamomum validinerve* Hance	WZH0064、WZH0100
158	樟科	11	樟属	川桂	*Cinnamomum wilsonii* Gamble	007485、007518、09544
159	樟科	11	厚壳桂属	厚壳桂	*Cryptocarya chinensis*（Hance）Hemsl.	007215、CHD0101
160	樟科	11	厚壳桂属	硬壳桂	*Cryptocarya chingii* W. C. Cheng	WZH0137、WZH0142
161	樟科	11	厚壳桂属	黄果厚壳桂	*Cryptocarya concinna* Hance	007279、09795、10111、10119
162	樟科	11	厚壳桂属	丛花厚壳桂	*Cryptocarya densiflora* Blume	10110

（续）

编号	科名	科号	属名	中文名	拉丁学名	采集号
163	樟科	11	山胡椒属	鼎湖钓樟	*Lindera chunii* Merr.	007184、10026、8942
164	樟科	11	山胡椒属	香叶树	*Lindera communis* Hemsl	09969
165	樟科	11	山胡椒属	绒毛山胡椒	*Lindera nacusua*（D. Don）Merr.	09774、09826、CHD0046
166	樟科	11	木姜子属	尖脉木姜子	*Litsea acutivera* Hayata	007566、09590、10136、8938、CHD0054
167	樟科	11	木姜子属	山鸡椒	*Litsea cubeba*（Lour.）Pers.	007097、007381、09704、CHD0223、WZH0012
168	樟科	11	木姜子属	黄丹木姜子	*Litsea elongata*（Wall. ex Nees）Benth. & Hook. f.	007495、09565、09939
169	樟科	11	木姜子属	华南木姜子	*Litsea greenmaniana* C. K. Allen	007356
170	樟科	11	木姜子属	广东木姜子	*Litsea kwangtungensis* Hung T. Chang	09510
171	樟科	11	木姜子属	轮叶木姜子	*Litsea verticillata* Hance	
172	樟科	11	木姜子属	圆叶豺皮樟	*Litsea rotundifolia* Nees	CHD0063
173	樟科	11	木姜子属	豺皮樟	*Litsea rotundifolia* var. *oblongifolia*（Nees）C. K. Allen	007155、8821
174	樟科	11	润楠属	短序润楠	*Machilus breviflora*（Benth.）Hemsl.	09529、09540、09567、10104、WZH0066
175	樟科	11	润楠属	浙江润楠	*Machilus chekiangensis* S. K. Lee	
176	樟科	11	润楠属	华润楠	*Machilus chinensis*（Champ. ex Benth.）Hemsl.	09753、WZH0149
177	樟科	11	润楠属	黄绒润楠	*Machilus grijsii* Hance	09573、WZH0002
178	樟科	11	润楠属	龙眼润楠	*Machilus oculodracontis* Chun	09911、09938
179	樟科	11	润楠属	梨润楠	*Machilus pomifera*（Kosterm.）S. K. Lee	007469
180	樟科	11	润楠属	红楠	*Machilus thunbergii* Siebold & Zucc.	007587、09915、09952、09962
181	樟科	11	润楠属	绒毛润楠	*Machilus velutina* Champ. ex Benth.	09819、8930
182	樟科	11	新木姜子属	新木姜子	*Neolitsea aurata*（Hayata）Koidz.	007517
183	樟科	11	新木姜子属	锈叶新木姜子	*Neolitsea cambodiana* Lecomte	
184	樟科	11	新木姜子属	鸭公树	*Neolitsea chui* Merr.	007291、09602、10017、CHD0093、WZH0150
185	樟科	11	新木姜子属	显脉新木姜子	*Neolitsea phanerophlebia* Merr.	09793、8867
186	樟科	11	新木姜子属	美丽新木姜子	*Neolitsea pulchella*（Meisn.）Merr.	007213、CHD0090

（续）

编号	科名	科号	属名	中文名	拉丁学名	采集号
187	青藤科	13A	青藤属	红花青藤	*Illigera rhodantha* Hance	10053
188	毛茛科	15	铁线莲属	钝齿铁线莲	*Clematis apiifolia* var. *argentilucida*（H. Lév. & Vaniot）W. T. Wang	007583
189	毛茛科	15	铁线莲属	两广铁线莲	*Clematis chingii* W. T. Wang	007582
190	毛茛科	15	铁线莲属	威灵仙	*Clematis chinensis* Osbeck	
191	毛茛科	15	铁线莲属	厚叶铁线莲	*Clematis crassifolia* Benth.	09789、09810、WZH0025
192	毛茛科	15	铁线莲属	铁线莲	*Clematis florida* Thunb.	8908
193	毛茛科	15	铁线莲属	柱果铁线莲	*Clematis uncinata* Champ. ex Benth.	09691、09692、10062
194	毛茛科	15	黄连属	短萼黄连	*Coptis chinensis* var. *brevisepala* W. T. Wang & P. G. Xiao	09673
195	毛茛科	15	人字果属	蕨叶人字果	*Dichocarpum dalzielii*（J. R. Drumm. & Hutch.）W. T. Wang & P. K. Hsiao	007475
196	毛茛科	15	毛茛属	禺毛茛	*Ranunculus cantoniensis* DC.	CHD0281
197	毛茛科	15	唐松草属	尖叶唐松草	*Thalictrum acutifolium*（Hand. -Mazz.）B. Boivin	10180
198	小檗科	19	十大功劳属	阔叶十大功劳	*Mahonia bealei*（Fortune）Carr.	09649、WZH0076
199	小檗科	19	十大功劳属	沈氏十大功劳	*Mahonia shenii* Chun	
200	木通科	21	野木瓜属	野木瓜	*Stauntonia chinensis* DC.	
201	木通科	21	野木瓜属	翅野木瓜	*Stauntonia decora*（Dunn）C. Y. Wu ex S. H. Huang	CHD0115
202	木通科	21	野木瓜属	倒卵叶野木瓜	*Stauntonia obovata* Hemsl.	007496、007534、09808
203	木通科	21	野木瓜属	三脉野木瓜	*Stauntonia trinervia* Merr.	
204	防己科	23	轮环藤属	毛叶轮环藤	*Cyclea barbata* Miers	
205	防己科	23	轮环藤属	粉叶轮环藤	*Cyclea hypoglauca*（Schauer）Diels	CHD0246、007013、007109、09783、09871、8925
206	防己科	23	秤钩风属	秤钩风	*Diploclisia affinis*（Oliv.）Diels	10042、8907
207	防己科	23	天仙藤属	天仙藤	*Fibraurea recisa* Pierre	007305
208	防己科	23	夜花藤属	夜花藤	*Hypserpa nitida* Miers	10072、10163、8889
209	防己科	23	细圆藤属	细圆藤	*Pericampylus glaucus*（Lam.）Merr.	007592
210	马兜铃科	24	细辛属	金耳环	*Asarum insigne* Diels	
211	胡椒科	28	草胡椒属	草胡椒	*Peperomia pellucida*（L.）Kunth	007456、10099

（续）

编号	科名	科号	属名	中文名	拉丁学名	采集号
212	胡椒科	28	胡椒属	华南胡椒	*Piper austrosinense* Y. C. Tseng	
213	胡椒科	28	胡椒属	山蒟	*Piper hancei* Maxim.	10172
214	胡椒科	28	胡椒属	假蒟	*Piper sarmentosum* Roxb.	
215	三白草科	29	蕺菜属	蕺菜	*Houttuynia cordata* Thunb.	CHD0269
216	三白草科	29	三白草属	三白草	*Saururus chinensis*（Lour.）Baill.	CHD0023
217	金粟兰科	30	金粟兰属	宽叶金粟兰	*Chloranthus henryi* Hemsl.	007585
218	金粟兰科	30	金粟兰属	及己	*Chloranthus serratus*（Thunb.）Roem. & Schult.	
219	金粟兰科	30	草珊瑚属	草珊瑚	*Sarcandra glabra*（Thunb.）Nakai	09604、CHD0163、WZH0053、WZH0056
220	紫堇科	33	紫堇属	北越紫堇	*Corydalis balansae* Prain	
221	紫堇科	33	紫堇属	小花黄堇	*Corydalis racemosa*（Thunb.）Pers.	007526
222	紫堇科	33	紫堇属	地锦苗	*Corydalis sheareri* S. Moore	
223	白花菜科	36	山柑属	独行千里	*Capparis acutifolia* Sweet	09832
224	白花菜科	36	山柑属	广州山柑	*Capparis cantoniensis* Lour.	007200
225	白花菜科	36	山柑属	屈头鸡	*Capparis versicolor* Griff.	10155
226	十字花科	39	蔊菜属	蔊菜	*Rorippa indica*（L.）Hiern	
227	十字花科	39	萝卜属	萝卜	*Raphanus sativus* L.	
228	堇菜科	40	堇菜属	华南堇菜	*Viola austrosinensis* Y. S. Chen & Q. E. Yang	
229	堇菜科	40	堇菜属	深圆齿堇菜	*Viola davidii* Franch.	
230	堇菜科	40	堇菜属	七星莲	*Viola diffusa* Ging.	007260、007564、CHD0133、WZH0106
231	堇菜科	40	堇菜属	长萼堇菜	*Viola inconspicua* Blume	WZH0016
232	堇菜科	40	堇菜属	亮毛堇菜	*Viola lucens* W. Becker	007529
233	堇菜科	40	堇菜属	如意草	*Viola arcuata* Blume	007494
234	远志科	42	远志属	小花远志	*Polygala polifolia* Willd	09908
235	远志科	42	远志属	黄花倒水莲	*Polygala fallax* Hemsl.	09690、10037、8903
236	远志科	42	远志属	华南远志	*Polygala chinensis* L.	007318、09615、09881、09888
237	远志科	42	远志属	香港远志	*Polygala hongkongensis* Hemsl.	
238	远志科	43	远志属	狭叶香港远志	*Polygala hongkongensis* var. *stenophylla* Migo	

（续）

编号	科名	科号	属名	中文名	拉丁学名	采集号
239	远志科	42	齿果草属	齿果草	*Salomonia cantoniensis* Lour.	09895、09905、CHD0154
240	远志科	42	齿果草属	椭圆叶齿果草	*Salomonia ciliata*（L.）DC.	09910
241	远志科	42	蝉翼藤属	蝉翼藤	*Securidaca inappendiculata* Hassk.	
242	远志科	42	黄叶树属	黄叶树	*Xanthophyllum hainanense* Hu	09801、CHD0050、WZH0115
243	虎耳草科	47	梅花草属	鸡君梅花草	*Parnassia wightiana* Wall. ex Wight & Arn.	10183
244	虎耳草科	47	虎耳草属	虎耳草	*Saxifraga stolonifera* Curtis	CHD0278
245	茅膏菜科	48	茅膏菜属	匙叶茅膏菜	*Drosera spatulata* Labill.	
246	石竹科	53	卷耳属	喜泉卷耳	*Cerastium fontanum* Baumg.	007524
247	石竹科	53	荷莲豆属	荷莲豆草	*Drymaria cordata*（L.）Willd. ex Schult.	
248	石竹科	53	鹅肠菜属	鹅肠菜	*Myosoton aquaticum*（L.）Moench	
249	粟米草科	54	粟米草属	粟米草	*Mollugo stricta* L.	007340
250	马齿苋科	56	马齿苋属	马齿苋	*Portulaca oleracea* L.	
251	马齿苋科	56	土人参属	土人参	*Talinum paniculatum*（Jacq.）Gaertn.	
252	蓼科	57	何首乌属	何首乌	*Fallopia multiflora*（Thunb.）Haraldson	007333
253	蓼科	57	蓼属	头花蓼	*Polygonum capitatum*（Buch. -Ham. ex D. Don）H. Gross	
254	蓼科	57	蓼属	火炭母	*Polygonum chinense*（L.）H. Gross	007230、10080、CHD0277
255	蓼科	57	蓼属	大箭叶蓼	*Polygonum darrisii* H. Lév.	
256	蓼科	57	蓼属	长戟叶蓼	*Polygonum maackianum* Regel	007073
257	蓼科	57	蓼属	尼泊尔蓼	*Polygonum nepalense* Meisn.	
258	蓼科	57	蓼属	杠板归	*Polygonum perfoliatum* L.	09999
259	蓼科	57	蓼属	丛枝蓼	*Polygonum posumbu* Buch. -Ham. ex D. Don	007419
260	蓼科	57	蓼属	刺蓼	*Polygonum senticosum*（Meisn.）Franch. & Sav.	007575
261	蓼科	57	虎杖属	虎杖	*Reynoutria japonica* Houtt.	
262	蓼科	57	酸模属	酸模	*Rumex acetosa* L.	
263	商陆科	59	商陆属	垂序商陆	*Phytolacca americana* L.	
264	藜科	61	藜属	土荆芥	*Dysphania ambrosioides*（L.）Mosyakin & Clemants	
265	苋科	63	牛膝属	土牛膝	*Achyranthes aspera* L.	007438、007448
266	苋科	63	牛膝属	柳叶牛膝	*Achyranthes longifolia*（Makino）Makino	007251

（续）

编号	科名	科号	属名	中文名	拉丁学名	采集号
267	苋科	63	莲子草属	喜旱莲子草	*Alternanthera philoxeroides*（Mart.）Griseb.	09726、8875
268	苋科	63	莲子草属	莲子草	*Alternanthera sessilis*（L.）R. Br. ex DC.	CHD0267
269	苋科	63	苋属	刺苋	*Amaranthus spinosus* L.	007326、CHD0275
270	苋科	63	苋属	皱果苋	*Amaranthus viridis* L.	CHD0282
271	苋科	63	青葙属	青葙	*Celosia argentea* L.	007150
272	苋科	63	千日红属	银花苋	*Gomphrena celosioides* Mart.	
273	落葵科	64	落葵属	落葵	*Basella alba* L.	WZH0126
274	酢浆草科	69	阳桃属	＊阳桃	*Averrhoa carambola* L.	
275	酢浆草科	69	酢浆草属	酢浆草	*Oxalis corniculata* L.	CHD0206
276	酢浆草科	69	酢浆草属	红花酢浆草	*Oxalis corymbosa* DC.	
277	凤仙花科	71	凤仙花属	华凤仙	*Impatiens chinensis* L.	10142、CHD0229
278	凤仙花科	71	凤仙花属	湖南凤仙花	*Impatiens hunanensis* Y. L. Chen	
279	凤仙花科	71	凤仙花属	黄金凤	*Impatiens siculifer* Hook. f.	007277
280	凤仙花科	71	凤仙花属	管茎凤仙花	*Impatiens tubulosa* Hemsl.	007224
281	千屈菜科	72	水苋菜属	水苋菜	*Ammannia baccifera* L.	007068、007335
282	千屈菜科	73	水苋菜属	多花水苋	*Ammannia multiflora* Roxb.	
283	千屈菜科	72	萼距花属	香膏萼距花	*Cuphea balsamona* Cham. & Schltdl.	007051、8825、8902、CHD0160
284	千屈菜科	72	节节菜属	圆叶节节菜	*Rotala rotundifolia*（Buch. -Ham. ex Roxb.）Koehne	CHD0234
285	柳叶菜科	77	丁香蓼属	草龙	*Ludwigia hyssopifolia*（G. Don）Exell	007022、007262
286	柳叶菜科	77	丁香蓼属	毛草龙	*Ludwigia octovalvis*（Jacq.）P. H. Raven	007021
287	柳叶菜科	77	月见草属	粉花月见草	*Oenothera rosea* L'Hér. ex Aiton.	
288	小二仙草科	78	小二仙草属	黄花小二仙草	*Gonocarpus chinensis*（Lour.）Orchard	
289	小二仙草科	78	小二仙草属	小二仙草	*Gonocarpus micranthus* Thunb.	10020
290	瑞香科	81	瑞香属	长柱瑞香	*Daphne championii* Benth.	007176、007436、007446、09864、CHD0096、WZH0023
291	瑞香科	81	瑞香属	白瑞香	*Daphne papyracea* Wall. ex G. Don	
292	瑞香科	81	荛花属	了哥王	*Wikstroemia indica*（L.）C. A. Mey.	10071、8953、WZH0060
293	瑞香科	81	荛花属	北江荛花	*Wikstroemia monnula* Hance	09964

（续）

编号	科名	科号	属名	中文名	拉丁学名	采集号
294	瑞香科	81	荛花属	细轴荛花	*Wikstroemia nutans* Champ. ex Benth.	007154
295	紫茉莉科	83	紫茉莉属	紫茉莉	*Mirabilis jalapa* L.	007332
296	山龙眼科	84	山龙眼属	小果山龙眼	*Helicia cochinchinensis* Lour.	09955
297	山龙眼科	84	山龙眼属	网脉山龙眼	*Helicia reticulata* W. T. Wang	007275、09568、09581、CHD0198、WZH0095
298	海桐花科	84	海桐花属	狭叶海桐	*Pittosporum glabratum* var. *neriifolium* Rehder & E. H. Wilson	007488
299	海桐花科	88	海桐花属	少花海桐	*Pittosporum pauciflorum* Hook. & Arn.	09569、09599、8802
300	大风子科	88	山桂花属	山桂花	*Bennettiodendron leprosipes* (Clos) Merr.	8831、CHD0144、CHD0170
301	天料木科	93	嘉赐树属	爪哇脚骨脆	*Casearia velutina* Blume	007219、09756、WZH0147
302	天料木科	94	天料木属	天料木	*Homalium cochinchinense* (Lour.) Druce	09607、8859、WZH0068
303	葫芦科	94	绞股蓝属	光叶绞股蓝	*Gynostemma laxum* (Wall.) Cogn.	CHD0188
304	葫芦科	95	绞股蓝属	绞股蓝	*Gynostemma pentaphyllum* (Thunb.) Makino	
305	葫芦科	103	帽儿瓜属	爪哇帽儿瓜	*Mukia javanica* (Miq.) C. Jeffrey	007082
306	葫芦科	103	赤瓟属	大苞赤瓟	*Thladiantha cordifolia* (Blume) Cogn.	CHD0004、CHD0280
307	葫芦科	103	赤瓟属	球果赤瓟	*Thladiantha globicarpa* A. M. Lu et Z. Y. Zhang	
308	葫芦科	103	栝楼属	全缘栝楼	*Trichosanthes pilosa* Lour.	007083
309	葫芦科	103	栝楼属	趾叶栝楼	*Trichosanthes pedata* Merr. & Chun	007353、007466
310	葫芦科	103	栝楼属	中华栝楼	*Trichosanthes rosthornii* Harms	8855
311	葫芦科	103	马瓞儿属	马瓞儿	*Zehneria japonica* (Thunb.) H. Y. Liu	007308、10004
312	秋海棠科	104	秋海棠属	紫背天葵	*Begonia fimbristipula* Hance	09630、09678
313	秋海棠科	104	秋海棠属	裂叶秋海棠	*Begonia palmata* D. Don	10108
314	秋海棠科	104	秋海棠属	红孩儿	*Begonia palmata* var. *bowringiana* (Champ. ex Benth.) J. Golding & C. Kareg.	09722、8881
315	仙人掌科	107	量天尺属	*量天尺	*Hylocereus undatus* (Haw.) Britton & Rose	
316	山茶科	108	杨桐属	杨桐	*Adinandra millettii* (Hook. & Arn.) Benth. & Hook. f. ex Hance	09816
317	山茶科	108	茶梨属	茶梨	*Anneslea fragrans* Wall.	09527
318	山茶科	108	山茶属	尖连蕊茶	*Camellia cuspidata* (Kochs) H. J. Veitch ard. chron	8899
319	山茶科	108	山茶属	广东毛蕊茶	*Camellia melliana* Hand. -Mazz.	WZH0098

（续）

编号	科名	科号	属名	中文名	拉丁学名	采集号
320	山茶科	108	山茶属	＊油茶	*Camellia oleifera* Abel	
321	山茶科	108	山茶属	柳叶毛蕊茶	*Camellia salicifolia* Champ. ex Benth.	007273、09766、CHD0095、CHD0140
322	山茶科	108	山茶属	茶	*Camellia sinensis*（L.）Kuntze	007433、09747、09998、CHD0056、CHD0169
323	山茶科	108	红淡比属	红淡比	*Cleyera japonica* Thunb.	09523、09537、WZH0073
324	山茶科	108	红淡比属	厚叶红淡比	*Cleyera pachyphylla* Chun ex Hung T. Chang	09609
325	山茶科	108	红淡比属	小叶红淡比	*Cleyera parvifolia*（Kobuski）Hu ex L. K. Ling	8883
326	山茶科	108	柃木属	尖叶毛柃	*Eurya acuminatissima* Merr. & Chun	007181、007380、09543
327	山茶科	108	柃木属	尖萼毛柃	*Eurya acutisepala* Hu & L. K. Ling	09572
328	山茶科	108	柃木属	米碎花	*Eurya chinensis* R. Br.	007018、09989、CHD0024、WZH0010、WZH0096
329	山茶科	108	柃木属	二列叶柃	*Eurya distichophylla* Hemsl.	007104、09555、10173、CHD0085
330	山茶科	108	柃木属	腺柃	*Eurya glandulosa* Merr.	007487
331	山茶科	108	柃木属	岗柃	*Eurya groffii* Merr.	007016、10009
332	山茶科	108	柃木属	细枝柃	*Eurya loquaiana* Dunn	007296、007442、09960、WZH0069
333	山茶科	108	柃木属	黑柃	*Eurya macartneyi* Champ.	007086、007118、007182、09605、CHD0071、WZH0048、WZH0052
334	山茶科	108	柃木属	丛化柃	*Eurya metcalfiana* Kobuski	09546、8843
335	山茶科	108	柃木属	格药柃	*Eurya muricata* Dunn	WZH0044
336	山茶科	108	柃木属	细齿叶柃	*Eurya nitida* Korth.	007093、09767
337	山茶科	108	柃木属	红褐柃	*Eurya rubiginosa* Hung T. Chang	CHD0033
338	山茶科	108	柃木属	窄基红褐柃	*Eurya rubiginosa* var. *attenuata* H. T. Chang	007509、09715
339	山茶科	108	核果茶属	小果核果茶	*Pyrenaria microcarpa*（Dunn）H. Keng	CHD0060
340	山茶科	108	核果茶属	大果核果茶	*Pyrenaria spectabilis*（Champ.）C. Y. Wu & S. X. Yang	09741、10050、8967
341	山茶科	108	木荷属	疏齿木荷	*Schima remotiserrata* Hung T. Chang	007377、09699、CHD0031
342	山茶科	108	木荷属	木荷	*Schima superba* Gardner & Champ.	
343	山茶科	108	紫茎属	柔毛紫茎	*Stewartia villosa* Merr.	10118
344	山茶科	108	厚皮香属	厚皮香	*Ternstroemia gymnanthera*（Wight & Arn.）Bedd.	007536、09941、CHD0114

（续）

编号	科名	科号	属名	中文名	拉丁学名	采集号
345	五列木科	108A	五列木属	五列木	*Pentaphylax euryoides* Gardner & Champ.	09703、WZH0032
346	猕猴桃科	112	猕猴桃属	异色猕猴桃	*Actinidia callosa* var. *discolor* C. F. Liang	10067
347	猕猴桃科	112	猕猴桃属	毛花猕猴桃	*Actinidia eriantha* Benth.	8926、CHD0139、WZH0079
348	猕猴桃科	112	猕猴桃属	黄毛猕猴桃	*Actinidia fulvicoma* Hance	09780、09787、8841
349	猕猴桃科	112	猕猴桃属	条叶猕猴桃	*Actinidia fortunatii* Finet & Gagnep.	WZH0141
350	猕猴桃科	112	猕猴桃属	蒙自猕猴桃	*Actinidia henryi* Dunn	
351	猕猴桃科	112	猕猴桃属	阔叶猕猴桃	*Actinidia latifolia*（Gardner & Champ.）Merr.	09788
352	水东哥科	113	水东哥属	水东哥	*Saurauia tristyla* DC.	09988
353	桃金娘科	118	岗松属	岗松	*Baeckea frutescens* L.	007120、007570、09776
354	桃金娘科	118	红千层属	* 红千层	*Callistemon rigidus* R. Br.	007161
355	桃金娘科	118	番石榴属	* 番石榴	*Psidium guajava* L.	
356	桃金娘科	118	桃金娘属	桃金娘	*Rhodomyrtus tomentosa*（Aiton）Hassk.	007005、09777、09781、8810、8939、CHD0152
357	桃金娘科	118	蒲桃属	华南蒲桃	*Syzygium austrosinense*（Merr. & L. M. Perry）Hung T. Chang & R. H. Miao	8835、CHD0082
358	桃金娘科	118	蒲桃属	赤楠	*Syzygium buxifolium* Hook. & Arn.	09525、09958、CHD0059、CHD0147、CHD0173、CHD0214、WZH0055
359	桃金娘科	118	蒲桃属	红鳞蒲桃	*Syzygium hancei* Merr. & L. M. Perry	007203、CHD0062、10090
360	桃金娘科	118	蒲桃属	红枝蒲桃	*Syzygium rehderianum* Merr. & L. M. Perry	
361	野牡丹科	120	柏拉木属	少花柏拉木	*Blastus pauciflorus*（Benth.）Guillaumin	007103、007302、007405、09963
362	野牡丹科	120	异药花属	异药花	*Fordiophyton faberi* Stapf	09626、09629、09643、09656、09698
363	野牡丹科	120	野牡丹属	野牡丹	*Melastoma malabathricum* L.	007116、007434、09851、09856、8798、CHD0105
364	野牡丹科	120	野牡丹属	地菍	*Melastoma dodecandrum* Lour.	09524、CHD0259
365	野牡丹科	120	野牡丹属	毛菍	*Melastoma sanguineum* Sims	
366	野牡丹科	120	金锦香属	金锦香	*Osbeckia chinensis* L.	
367	野牡丹科	120	锦香草属	叶底红	*Bredia fordii*（Hance）Diels	007367、09536、09625、09641、CHD0107

（续）

编号	科名	科号	属名	中文名	拉丁学名	采集号
368	野牡丹科	120	蜂斗草属	蜂斗草	*Sonerila cantonensis* Stapf	09631、09679
369	金丝桃科	123	黄牛木属	黄牛木	*Cratoxylum cochinchinense*（Lour.）Blume	10054
370	金丝桃科	123	金丝桃属	地耳草	*Hypericum japonicum* Thunb.	007344、09900
371	金丝桃科	123	金丝桃属	元宝草	*Hypericum sampsonii* Hance	CHD0028
372	藤黄科	126	红厚壳属	薄叶红厚壳	*Calophyllum membranaceum* Gardner & Champ.	007242
373	藤黄科	126	藤黄属	木竹子	*Garcinia multiflora* Champ. ex Benth.	007158、09628、09654、09709、09754、09757、8830、8911、CHD0037、CHD0044
374	椴树科	128	田麻属	田麻	*Corchoropsis crenata* Siebold & Zucc.	09843
375	椴树科	128	黄麻属	甜麻	*Corchorus aestuans* L.	007041
376	椴树科	128	刺蒴麻属	毛刺蒴麻	*Triumfetta cana* Blume	
377	椴树科	128	刺蒴麻属	刺蒴麻	*Triumfetta rhomboidea* Jacq.	007003、10091
378	杜英科	128A	杜英属	中华杜英	*Elaeocarpus chinensis*（Gardner & Champ.）Hook. f. ex Benth.	09836、WZH0129
379	杜英科	128A	杜英属	褐毛杜英	*Elaeocarpus duclouxii* Gagnep.	CHD0219、007382
380	杜英科	128A	杜英属	秃瓣杜英	*Elaeocarpus glabripetalus* Merr.	09972
381	杜英科	128A	杜英属	*水石榕	*Elaeocarpus hainanensis* Oliv.	8914、8917
382	杜英科	128A	杜英属	日本杜英	*Elaeocarpus japonicus* Siebold & Zucc.	09542、WZH0058、WZH0080
383	杜英科	128A	杜英属	披针叶杜英	*Elaeocarpus lanceifolius* Roxb.	09551
384	杜英科	128A	杜英属	山杜英	*Elaeocarpus sylvestris*（Lour.）Poir.	09919、8895
385	杜英科	128A	猴欢喜属	猴欢喜	*Sloanea sinensis*（Hance）Hemsl.	007304、09714、10051、10087、WZH0074
386	梧桐科	128A	山芝麻属	山芝麻	*Helicteres angustifolia* L.	09928
387	梧桐科	130	翅子树属	翻白叶树	*Pterospermum heterophyllum* Hance	8941
388	梧桐科	130	梭罗树属	两广梭罗	*Reevesia thyrsoidea* Lindl.	09638、09748、8934、WZH0091、WZH0130
389	锦葵科	132	秋葵属	黄葵	*Abelmoschus moschatus* Medik.	007052、09966、CHD0273
390	锦葵科	132	木槿属	木芙蓉	*Hibiscus mutabilis* L.	007038、09688
391	锦葵科	132	木槿属	*朱槿	*Hibiscus rosa-sinensis* L.	WZH0003

（续）

编号	科名	科号	属名	中文名	拉丁学名	采集号
392	锦葵科	132	木槿属	＊木槿	*Hibiscus syriacus* L.	10121
393	锦葵科	132	木槿属	＊黄槿	*Hibiscus tiliaceus* L.	09792
394	锦葵科	132	赛葵属	赛葵	*Malvastrum coromandelianum*（L.）Garcke	007048
395	锦葵科	132	悬铃花属	＊悬铃花	*Malvaviscus arboreus* Cav.	007321
396	锦葵科	132	黄花稔属	白背黄花稔	*Sida rhombifolia* L.	007303、10152
397	锦葵科	132	梵天花属	地桃花	*Urena lobata* L.	007031、007089、10150
398	锦葵科	132	梵天花属	梵天花	*Urena procumbens* L.	
399	古柯科	135	古柯属	东方古柯	*Erythroxylum sinense* C. Y. Wu	09974
400	粘木科	135A	粘木属	粘木	*Ixonanthes reticulata* Jack	007210、09821、09846、8944
401	大戟科	136	铁苋菜属	铁苋菜	*Acalypha australis* L.	007002、09886、09889、CHD0040
402	大戟科	136	山麻杆属	红背山麻杆	*Alchornea trewioides*（Benth.）Müll. Arg.	
403	大戟科	136	五月茶属	酸味子	*Antidesma japonicum* Siebold & Zucc.	007443、09541、10056、10069、101120、8848、CHD0094、WZH0045
404	大戟科	136	黑面神属	黑面神	*Breynia fruticosa*（L. O.）Hook. f.	09837、8888
405	大戟科	136	黑面神属	喙果黑面神	*Breynia rostrata* Merr.	007067
406	大戟科	136	土蜜树属	禾串树	*Bridelia balansae* Tutcher	007264、10058
407	大戟科	136	土蜜树属	土蜜树	*Bridelia tomentosa* Blume	
408	大戟科	136	巴豆属	毛果巴豆	*Croton lachnocarpus* Benth.	09827、8806、8811、8965、CHD0106
409	大戟科	136	大戟属	飞扬草	*Euphorbia hirta* L.	09897、CHS0268
410	大戟科	136	大戟属	通奶草	*Euphorbia hypericifolia* L.	CHD0165
411	大戟科	136	算盘子属	毛果算盘子	*Glochidion eriocarpum* Champ. ex Benth.	007119、09996、10129、8956、CHD0128
412	大戟科	136	算盘子属	算盘子	*Glochidion puberum*（L.）Hutch.	09759、09813、09924、09950
413	大戟科	136	血桐属	鼎湖血桐	*Macaranga sampsonii* Hance	10086、8966
414	大戟科	136	野桐属	白背叶	*Mallotus apelta*（Lour.）Müll. Arg.	007037、09721、8808、8927、CHD0243
415	大戟科	136	野桐属	白楸	*Mallotus paniculatus*（Lam.）Müll. Arg.	007250、09845
416	大戟科	136	野桐属	石岩枫	*Mallotus repandus*（Willd.）Müll. Arg.	CHD0237

（续）

编号	科名	科号	属名	中文名	拉丁学名	采集号
417	大戟科	136	叶下珠属	越南叶下珠	*Phyllanthus cochinchinensis*（Lour.）Spreng.	
418	大戟科	136	叶下珠属	叶下珠	*Phyllanthus urinaria* L.	CHD0196
419	大戟科	136	蓖麻属	蓖麻	*Ricinus communis* L.	007142、10143
420	大戟科	136	乌桕属	山乌桕	*Triadica cochinchinensis* Lour.	09518、09874
421	大戟科	136	乌桕属	圆叶乌桕	*Triadica rotundifolia*（Hemsl.）Esser	
422	大戟科	136	乌桕属	乌桕	*Triadica sebifera*（L.）Small	
423	大戟科	136	油桐属	木油桐	*Vernicia montana* Lour.	10120
424	交让木科	136A	虎皮楠属	虎皮楠	*Daphniphyllum oldhami*；（Hemsl.）K. Rosenth.	007491、09515、09662、8929
425	交让木科	136A	虎皮楠属	假轮叶虎皮楠	*Daphniphyllum subverticillatum* Merr.	007374、09521、8870、CHD0034
426	鼠刺科	139	鼠刺属	鼠刺	*Itea chinensis* Hook. & Arn.	007378、007590、CHD0092、CHD0217
427	绣球科	142	常山属	常山	*Dichroa febrifuga* Lour.	09623、09634、09639、09718、CHD0089
428	绣球科	142	绣球属	狭叶绣球	*Hydrangea lingii* G. Ho	10018
429	绣球科	142	冠盖藤属	冠盖藤	*Pileostegia viburnoides* Hook. f. & Thomson	007373、09614、8856
430	蔷薇科	143	桃属	*桃	*Amygdalus persica* L.	
431	蔷薇科	143	樱属	钟花樱花	*Cerasus campanulata*（Maxim.）A. N. Vassiljeva	007358
432	蔷薇科	143	蛇莓属	蛇莓	*Duchesnea indica*（Andr.）Focke	WZH0104
433	蔷薇科	143	枇杷属	香花枇杷	*Eriobotrya fragrans* Champ. ex Benth.	09580、09825、8874
434	蔷薇科	143	枇杷属	*枇杷	*Eriobotrya japonica*（Thunb.）Lindl.	WZH0009
435	蔷薇科	143	桂樱属	腺叶桂樱	*Laurocerasus phaeosticta*（Hance）Schneid.	09947、09961、09979
436	蔷薇科	143	桂樱属	刺叶桂樱	*Laurocerasus spinulosa*（Siebold & Zucc.）Schneid.	09575、09778、09782
437	蔷薇科	143	石楠属	光叶石楠	*Photinia glabra*（Thunb.）Maxim.	
438	蔷薇科	143	石楠属	陷脉石楠	*Photinia impressivena* Hayata	09732、09811
439	蔷薇科	143	石楠属	桃叶石楠	*Photinia prunifolia*（Hook. & Arn.）Lindl.	09559、10123、8937、WZH0026
440	蔷薇科	143	石楠属	饶平石楠	*Photinia raupingensis* K. C. Kuan	09922
441	蔷薇科	143	石楠属	小叶石楠	*Photinia parvifolia*（E. Pritz.）C. K. Schneid.	CHD0076、CHD0077
442	蔷薇科	143	李属	*李	*Prunus salicina* Lindl.	
443	蔷薇科	143	臀果木属	臀果木	*Pygeum topengii* Merr.	007272

（续）

编号	科名	科号	属名	中文名	拉丁学名	采集号
444	蔷薇科	143	梨属	豆梨	*Pyrus calleryana* Decne.	09977
445	蔷薇科	143	梨属	楔叶豆梨	*Pyrus calleryana* var. *koehnei*（C. K. Schneid.）T. T. Yu	10021
446	蔷薇科	143	石斑木属	石斑木	*Rhaphiolepis indica*（L.）Lindl. ex Ker Gawl.	09736
447	蔷薇科	143	蔷薇属	小果蔷薇	*Rosa cymosa* Tratt.	007012、09705、09750、CHD0150、CHD0176、CHD0244
448	蔷薇科	143	蔷薇属	金樱子	*Rosa laevigata* Michx.	CHD0247、WZH0119
449	蔷薇科	143	悬钩子属	粗叶悬钩子	*Rubus alceifolius* Poir.	007229
450	蔷薇科	143	悬钩子属	寒莓	*Rubus buergeri* Miq.	10001
451	蔷薇科	143	悬钩子属	山莓	*Rubus corchorifolius* L. f.	007591、10011
452	蔷薇科	143	悬钩子属	蒲桃叶悬钩子	*Rubus jambosoides* Hance	007546、09507、CHD0117
453	蔷薇科	143	悬钩子属	高粱泡	*Rubus lambertianus* Ser.	007064、007228、007453、09587、WZH0006
454	蔷薇科	143	悬钩子属	白花悬钩子	*Rubus leucanthus* Hance	09564、09632、09682、8860、CHD0038、CHD0045
455	蔷薇科	143	悬钩子属	五裂悬钩子	*Rubus lobatus* T. T. Yu & L. T. Lu	8898
456	蔷薇科	143	悬钩子属	梨叶悬钩子	*Rubus pirifolius* Sm.	10151
457	蔷薇科	143	悬钩子属	锈毛莓	*Rubus reflexus* Ker Gawl.	09613、09717、CHD0035
458	蔷薇科	143	悬钩子属	深裂锈毛莓	*Rubus reflexus* var. *lanceolobus* F. P. Metcalf	09840、8819、8915、CHD0135、CHD0136
459	蔷薇科	143	悬钩子属	空心泡	*Rubus rosifolius* Sm.	09839
460	蔷薇科	144	悬钩子属	木莓	*Rubus swinhoei* Hance	
461	含羞草科	143	金合欢属	台湾相思	*Acacia confusa* Merr.	
462	含羞草科	146	金合欢属	羽叶金合欢	*Acacia pennata*（L.）Willd.	10132、8948
463	含羞草科	146	合欢属	天香藤	*Albizia corniculata*（Lour.）Druce	10039
464	含羞草科	146	猴耳环属	猴耳环	*Archidendron clypearia*（Jack.）Nielsen I. C.	10031
465	含羞草科	146	猴耳环属	亮叶猴耳环	*Archidendron lucidum*（Benth.）Nielsen I. C.	09869、WZH0118
466	含羞草科	146	含羞草属	光荚含羞草	*Mimosa bimucronata*（DC.）Kuntze	007036、09842
467	含羞草科	146	含羞草属	含羞草	*Mimosa pudica* L.	09904

（续）

编号	科名	科号	属名	中文名	拉丁学名	采集号
468	苏木科	147	羊蹄甲属	阔裂叶羊蹄甲	*Bauhinia apertilobata* Merr. & F. P. Metcalf	09803、10153、8968
469	苏木科	147	羊蹄甲属	龙须藤	*Bauhinia championii* (Benth.) Benth.	007237、10125、WZH0024
470	苏木科	147	羊蹄甲属	首冠藤	*Bauhinia corymbosa* Roxb. ex DC.	09834
471	苏木科	147	羊蹄甲属	粉叶羊蹄甲	*Bauhinia glauca* (Wall. ex Benth.) Benth.	007396、8932
472	苏木科	147	云实属	华南云实	*Caesalpinia crista* L.	10162
473	苏木科	147	云实属	小叶云实	*Caesalpinia millettii* Hook. & Arn.	10041、10135
474	苏木科	147	山扁豆属	山扁豆	*Chamaecrista mimosoides* (L.) E. Greene	007252
475	苏木科	147	皂荚属	华南皂荚	*Gleditsia fera*(Lour.) Merr.	CHD0201
476	苏木科	147	皂荚属	皂荚	*Gleditsia sinensis* Lam.	007151
477	苏木科	147	皂荚属	美国皂荚	*Gleditsia triacanthos* L.	
478	蝶形花科	148	黄芪属	紫云英	*Astragalus sinicus* L.	
479	蝶形花科	148	藤槐属	藤槐	*Bowringia callicarpa* Champ. ex Benth.	007214、10060、8947
480	蝶形花科	148	鸡血藤属	异果鸡血藤	*Callerya dielsiana* var. *heterocarpa* (Chun ex T. C. Chen) X. Y. Zhu ex Z. Wei & Pedley	
481	蝶形花科	148	鸡血藤属	亮叶鸡血藤	*Callerya nitida* (Benth.) R. Geesink	8912
482	蝶形花科	148	猪屎豆属	响铃豆	*Crotalaria albida* Heyne ex Roth	007081、09835
483	蝶形花科	148	猪屎豆属	大猪屎豆	*Crotalaria assamica* Benth.	8901
484	蝶形花科	148	猪屎豆属	猪屎豆	*Crotalaria pallida* Ait. L. X	
485	百合科	148	百合属	野百合	*Lilium brownii* F. E. Brown ex Miellez	
486	蝶形花科	148	黄檀属	藤黄檀	*Dalbergia hancei* Benth.	09925、WZH0124
487	蝶形花科	148	黄檀属	香港黄檀	*Dalbergia millettii* Benth.	09772、CHD0079
488	蝶形花科	148	鱼藤属	中南鱼藤	*Derris fordii* Oliv.	007584
489	蝶形花科	148	小槐花属	小槐花	*Ohwia caudata* (Thunb.) H. Ohashi	007146
490	蝶形花科	148	山蚂蝗属	假地豆	*Desmodium heterocarpon* (L.) DC.	007135、007439、007449、CHD0239
491	蝶形花科	148	山蚂蝗属	大叶拿身草	*Desmodium laxiflorum* DC.	007055、007467、10033
492	蝶形花科	148	山蚂蝗属	南美山蚂蝗	*Desmodium tortuosum* (Sw.) DC.	007460
493	蝶形花科	148	山黑豆属	山黑豆	*Dumasia truncata* Siebold & Zucc.	
494	蝶形花科	148	野扁豆属	圆叶野扁豆	*Dunbaria rotundifolia* (Lour.) Merr.	007108

（续）

编号	科名	科号	属名	中文名	拉丁学名	采集号
495	蝶形花科	148	千斤拔属	大叶千斤拔	*Flemingia macrophylla* (Willd.) Prain	007235、09859
496	蝶形花科	148	长柄山蚂蝗属	细长柄山蚂蝗	*Hylodesmum leptopus* (A. Gray ex Benth.) H. Ohashi & R. R. Mill	09725
497	蝶形花科	148	木蓝属	宜昌木蓝	*Indigofera decora* var. *ichangensis* (Craib) Y. Y. Fang & C. Z. Zheng	8951
498	蝶形花科	148	鸡眼草属	鸡眼草	*Kummerowia striata* (Thunb.) Schindl.	007057、09885
499	蝶形花科	148	胡枝子属	截叶铁扫帚	*Lespedeza cuneata* (Dum. -Cours.) G. Don	007028
500	蝶形花科	148	胡枝子属	美丽胡枝子	*Lespedeza thunbergii* subsp. *formosa* (Vogel) H. Ohashi	007035、10013、WZH0123
501	蝶形花科	148	鸡血藤属	香花鸡血藤	*Callerya dielsiana* (Harms) P. K. Lôc ex Z. Wei & Pedley	007125、09591、09701、09794、CHD0257
502	蝶形花科	148	鸡血藤属	喙果鸡血藤	*Callerya tsui* (F. P. Metcalf) Z. Wei & Pedley	10146
503	蝶形花科	148	黧豆属	白花油麻藤	*Mucuna birdwoodiana* Tutcher	09968
504	蝶形花科	148	红豆属	软荚红豆	*Ormosia semicastrata* Hance	10088、007490、09657、8931
505	蝶形花科	148	红豆属	木荚红豆	*Ormosia xylocarpa* Chun ex Merr. & L. Chen	007202、CHD0178
506	蝶形花科	148	排钱树属	毛排钱树	*Phyllodium elegans* (Lour.) Desv.	
507	蝶形花科	148	排钱树属	排钱树	*Phyllodium pulchellum* (L.) Desv.	09927
508	蝶形花科	148	葛属	葛	*Pueraria montana* (Lour.) Merr.	007244、09920
509	蝶形花科	148	葛属	葛麻姆	*Pueraria montana* var. *lobata* (Willd.) Maesen & S. M. Almeida ex Sanjappa & Predeep	007060、09674
510	蝶形花科	148	密花豆属	密花豆	*Spatholobus suberectus* Dunn	10139
511	蝶形花科	148	葫芦茶属	葫芦茶	*Tadehagi triquetrum* (L.) H. Ohashi	09949
512	蝶形花科	148	豇豆属	赤小豆	*Vigna umbellata* (Thunb.) Ohwi & H. Ohashi	007274
513	金缕梅科	151	蕈树属	蕈树	*Altingia chinensis* (Champ. ex Benth.) Oliv. ex Hance	09556、09610
514	金缕梅科	151	蚊母树属	蚊母树	*Distylium racemosum* Siebold & Zucc.	10055
515	金缕梅科	151	假蚊母树属	尖叶假蚊母树	*Distyliopsis dunnii* (Hemsl.) P. K. Endress	CHD0061
516	金缕梅科	151	秀柱花属	秀柱花	*Eustigma oblongifolium* Gardner & Champ.	09601
517	金缕梅科	151	马蹄荷属	大果马蹄荷	*Exbucklandia tonkinensis* (Lecomte) Hung T. Chang	09695、WZH0081
518	金缕梅科	151	枫香树属	枫香树	*Liquidambar formosana* Hance	007516、09981、WZH0117

（续）

编号	科名	科号	属名	中文名	拉丁学名	采集号
519	金缕梅科	151	红花荷属	红花荷	*Rhodoleia championii* Hook. f.	
520	杨梅科	159	杨梅属	杨梅	*Myrica rubra* lour.	WZH0139
521	桦木科	161	桤木属	江南桤木	*Alnus trabeculosa* Hand. -Mazz.	09945
522	壳斗科	163	栗属	锥栗	*Castanea henryi*（Skan）Rrhder & E. H. Wilson	WZH0122
523	壳斗科	163	锥属	米槠	*Castanopsis carlesii*（Hemsl.）Hayata	09582
524	壳斗科	163	锥属	中华锥	*Castanopsis chinensis*（Spreng.）Hance	09933
525	壳斗科	163	锥属	甜槠	*Castanopsis eyrei*（Champ. ex Benth.）Tutcher	007101
526	壳斗科	163	锥属	罗浮栲	*Castanopsis fabri* Hance	007100、007522、09566、CHD0015、WZH0004、WZH0037、WZH0041
527	壳斗科	163	锥属	栲	*Castanopsis fargesii* Franch.	007183、09592、09706、09707、10165、WZH0145
528	壳斗科	163	锥属	黧蒴锥	*Castanopsis fissa*（Champ. ex Benth.）Rehder & E. H. Wilson	007415
529	壳斗科	163	锥属	毛锥	*Castanopsis fordii* Hance	WZH0099
530	壳斗科	163	锥属	红锥	*Castanopsis hystrix* Hook. f. & Thomson ex A. DC.	10148
531	壳斗科	163	锥属	吊皮锥	*Castanopsis kawakamii* Hayata	
532	壳斗科	163	锥属	鹿角锥	*Castanopsis lamontii* Hance	WZH0112
533	壳斗科	163	锥属	黑叶锥	*Castanopsis nigrescens* Chun & C. C. Huang	007191、8943
534	壳斗科	163	锥属	钩锥	*Castanopsis tibetana* Hance	10014
535	壳斗科	163	青冈属	槟榔青冈	*Cyclobalanopsis bella*（Chun & Tsiang）Chun ex Y. C. Hsu & H. Wei Jen	007171
536	壳斗科	163	青冈属	岭南青冈	*Cyclobalanopsis championii*（Benth.）Oerst.	09596
537	壳斗科	163	青冈属	福建青冈	*Cyclobalanopsis chungii*（F. P. Metcalf）Y. C. Hsu & H. W. Jen ex Q. F. Zhang	CHD0052、WZH0077
538	壳斗科	163	青冈属	饭甑青冈	*Cyclobalanopsis fleuryi*（Hickel & A. Camus）Chun ex Q. F. Zheng	
539	壳斗科	163	青冈属	青冈	*Cyclobalanopsis glauca*（Thunb.）Oerst.	
540	壳斗科	163	青冈属	雷公青冈	*Cyclobalanopsis hui*（Chun）Chun ex Y. C. Hsu & H. Wei Jen	09745

（续）

编号	科名	科号	属名	中文名	拉丁学名	采集号
541	壳斗科	163	青冈属	大叶青冈	*Cyclobalanopsis jenseniana*（Hand. -Mazz.）	007533
542	壳斗科	163	青冈属	小叶青冈	*Cyclobalanopsis myrsinifolia*（Blume）Oerst.	007211
543	壳斗科	163	青冈属	竹叶青冈	*Cyclobalanopsis neglecta* Schottky	007199
544	壳斗科	163	柯属	烟斗柯	*Lithocarpus corneus*（Lour.）Rehder	007498、09574、09713、09791、8946、8950
545	壳斗科	163	柯属	柯	*Lithocarpus glaber*（Thunb.）Nakai	09603、09606、8904、CHD0053
546	壳斗科	163	柯属	硬壳柯	*Lithocarpus hancei*（Benth.）Rehder	8910、CHD0055、WZH0132
547	壳斗科	163	柯属	港柯	*Lithocarpus harlandii*（Hance ex Walp.）Rehder	09534
548	壳斗科	163	柯属	木姜叶柯	*Lithocarpus litseifolius*（Hance）Chun	09746
549	壳斗科	163	柯属	大叶苦柯	*Lithocarpus paihengii* Chun & Tsiang	007371、09624、09637、09696
550	壳斗科	163	柯属	南川柯	*Lithocarpus rosthornii*（Schottky）Barnett	007465、007569、10113、8820、CHD0142、WZH0144
551	壳斗科	163	柯属	紫玉盘柯	*Lithocarpus uvariifolius*（Hance）Rehder	007437、8909、CHD0084、WZH0042
552	榆科	165	朴属	假玉桂	*Celtis timorensis* Span.	10052
553	榆科	165	山黄麻属	光叶山黄麻	*Trema cannabina* Lour.	007019、09694、09995、8964、CHD0216
554	榆科	165	山黄麻属	山油麻	*Trema cannabina* var. *dielsiana*（Hand. -Mazz.）C. J. Chen	8813
555	榆科	165	山黄麻属	山黄麻	*Trema tomentosa*（Roxb.）H. Hara	
556	桑科	167	波罗蜜属	白桂木	*Artocarpus hypargyreus* Hance ex Benth.	10124、8893、CHD0008
557	桑科	167	波罗蜜属	二色波罗蜜	*Artocarpus styracifolius* Pierre	8960
558	桑科	167	构属	藤构	*Broussonetia kaempferi* var. *australis* Suzuki	10034、10047
559	桑科	167	柘属	构棘	*Maclura cochinchinensis*（Lour.）Corner	10101
560	桑科	167	水蛇麻属	水蛇麻	*Fatoua villosa*（Thunb.）Nakai	007319
561	桑科	167	榕属	石榕树	*Ficus abelii* Miq.	8914、8917
562	桑科	167	榕属	矮小天仙果	*Ficus erecta* Thunb.	09653、09720、CHD0078
563	桑科	167	榕属	黄毛榕	*Ficus esquiroliana* H. Lév.	CHD0251、WZH0022
564	桑科	167	榕属	水同木	*Ficus fistulosa* Renw. ex Blume	

（续）

编号	科名	科号	属名	中文名	拉丁学名	采集号
565	桑科	167	榕属	台湾榕	*Ficus formosana* Maxim.	CHD0168、007009、CHD0149、CHD0175、CHD0208、CHD0235
566	桑科	167	榕属	长叶冠毛榕	*Ficus gasparriniana* var. *esquirolii*（H. Lév. & Vaniot）Corner	09618
567	桑科	167	榕属	粗叶榕	*Ficus hirta* Vahl	09873
568	桑科	167	榕属	对叶榕	*Ficus hispida* L. f.	
569	桑科	167	榕属	青藤公	*Ficus langkokensis* Drake	10030、10117
570	桑科	167	榕属	琴叶榕	*Ficus pandurata* Hance	007248、WZH0085
571	桑科	167	榕属	薜荔	*Ficus pumila* L.	007325、007407、09667、10102
572	桑科	167	榕属	舶梨榕	*Ficus pyriformis* Hook. & Arn.	
573	桑科	167	榕属	爬藤榕	*Ficus sarmentosa* var. *impressa*（Champ. ex Benth.）Corner	
574	桑科	167	榕属	笔管榕	*Ficus subpisocarpa* Gagnep.	
575	桑科	167	榕属	变叶榕	*Ficus variolosa* Lindl. ex Benth.	09956、8828、CHD0058、CHD0068、CHD0157、CHD0279
576	桑科	167	牛筋藤属	牛筋藤	*Malaisia scandens*（Lour.）Planch.	CHD0194
577	桑科	167	桑属	鸡桑	*Morus australis* Poir.	
578	荨麻科	169	苎麻属	海岛苎麻	*Boehmeria formosana* Hayata	007239、09553、CHD0013
579	荨麻科	169	苎麻属	野线麻	*Boehmeria japonica*（L. f.）Miq.	10167
580	荨麻科	169	苎麻属	水苎麻	*Boehmeria macrophylla* Hornem.	007283
581	荨麻科	169	苎麻属	苎麻	*Boehmeria nivea*（L.）Gaudich.	007032
582	荨麻科	169	微柱麻属	微柱麻	*Chamabainia cuspidata* Wight.	10185
583	荨麻科	169	水麻属	鳞片水麻	*Debregeasia squamata* King ex Hook. f.	007468、09852、CHD0252、WZH0007
584	荨麻科	169	糯米团属	糯米团	*Gonostegia hirta*（Blume ex Hassk.）Miq.	09589、09670
585	荨麻科	169	紫麻属	紫麻	*Oreocnide frutescens*（Thunb.）Miq.	8801、CHD0181
586	荨麻科	169	赤车属	短叶赤车	*Pellionia brevifolia* Benth.	007417
587	荨麻科	169	赤车属	华南赤车	*Pellionia grijsii* Hance	007470
588	荨麻科	169	赤车属	赤车	*Pellionia radicans*（Siebold & Zucc.）Wedd.	007290、007473

（续）

编号	科名	科号	属名	中文名	拉丁学名	采集号
589	荨麻科	169	赤车属	蔓赤车	*Pellionia scabra* Benth.	09865
590	荨麻科	169	冷水花属	小叶冷水花	*Pilea microphylla*（L.）Liebm.	007386、CHD0195
591	荨麻科	169	冷水花属	冷水花	*Pilea notata* C. H. Wright	007324
592	荨麻科	169	冷水花属	盾叶冷水花	*Pilea peltata* Hance	007594
593	荨麻科	169	雾水葛属	雾水葛	*Pouzolzia zeylanica*（L.）Benn. & R. Br.	CHD0190
594	冬青科	171	冬青属	秤星树	*Ilex asprella*（Hook. & Arn.）Champ. ex Benth.	10070
595	冬青科	171	冬青属	灰冬青	*Ilex cinerea* Champ. ex Benth.	09978
596	冬青科	171	冬青属	齿叶冬青	*Ilex crenata* Thunb.	CHD0113
597	冬青科	171	冬青属	黄毛冬青	*Ilex dasyphylla* Merr.	007204、09733
598	冬青科	171	冬青属	厚叶冬青	*Ilex elmerrilliana* S. Y. Hu	007208、007363、09586、WZH0089
599	冬青科	171	冬青属	台湾冬青	*Ilex formosana* Maxim.	007477、007489
600	冬青科	171	冬青属	青茶香	*Ilex hanceana* Maxim.	007206
601	冬青科	171	冬青属	广东冬青	*Ilex kwangtungensis* Merr.	
602	冬青科	171	冬青属	矮冬青	*Ilex lohfauensis* Merr.	007508、WZH0094
603	冬青科	171	冬青属	谷木叶冬青	*Ilex memecylifolia* Champ. ex Benth.	007217、CHD0036
604	冬青科	171	冬青属	小果冬青	*Ilex micrococca* Maxim.	8920
605	冬青科	171	冬青属	毛冬青	*Ilex pubescens* Hook. & Arn.	007106、007422、09627、09651、8816、CHD0086、WZH0001
606	冬青科	171	冬青属	铁冬青	*Ilex rotunda* Thunb.	
607	冬青科	171	冬青属	三花冬青	*Ilex triflora* Blume	007486、09588、WZH0093
608	冬青科	171	冬青属	绿冬青	*Ilex viridis* Champ. ex Benth.	WZH0135
609	卫矛科	173	南蛇藤属	过山枫	*Celastrus aculeatus* Merr.	007520、09708、10015
610	卫矛科	173	南蛇藤属	青江藤	*Celastrus hindsii* Benth.	09862、CHD0151、CHD0177、CHD0274
611	卫矛科	173	卫矛属	扶芳藤	*Euonymus fortunei*（Turcz.）Hand. -Mazz.	09622
612	卫矛科	173	卫矛属	疏花卫矛	*Euonymus laxiflorus* Champ. ex Benth.	09595、8873
613	卫矛科	173	卫矛属	中华卫矛	*Euonymus nitidus* Benth.	CHD0064
614	茶茱萸科	179	定心藤属	定心藤	*Mappianthus iodoides* Hand. -Mazz.	007201、09516
615	铁青树科	182	青皮木属	青皮木	*Schoepfia jasminodora* Siebold & Zucc.	09923、09597、WZH0038

（续）

编号	科名	科号	属名	中文名	拉丁学名	采集号
616	桑寄生科	185	离瓣寄生属	离瓣寄生	*Helixanthera parasitica* Lour.	
617	桑寄生科	185	钝果寄生属	广寄生	*Taxillus chinensis*（DC.）Danser	007107
618	桑寄生科	185	钝果寄生属	锈毛钝果寄生	*Taxillus levinei*（Merr.）H. S. Kiu	007088
619	桑寄生科	185	钝果寄生属	桑寄生	*Taxillus sutchuenensis*（Lecomte）Danser	10164
620	桑寄生科	185	大苞寄生属	大苞寄生	*Tolypanthus maclurei*（Merr.）Danser	09503
621	檀香科	186	寄生藤属	寄生藤	*Dendrotrophe varians*（Blume）Miq.	007188、10114
622	蛇菰科	189	蛇菰属	红冬蛇菰	*Balanophora harlandii* Hook. f.	
623	鼠李科	190	勾儿茶属	多花勾儿茶	*Berchemia floribunda*（Wall.）Brongn.	007010、10036
624	鼠李科	190	勾儿茶属	铁包金	*Berchemia lineata*（L.）DC.	007029
625	鼠李科	190	鼠李属	长叶冻绿	*Rhamnus crenata* Siebold & Zucc.	09929、10007
626	鼠李科	190	雀梅藤属	钩刺雀梅藤	*Sageretia hamosa*（Wall.）Brongn.	WZH0083
627	鼠李科	190	雀梅藤属	雀梅藤	*Sageretia thea*（Osbeck）M. C. Johnst.	007122
628	鼠李科	190	翼核果属	翼核果	*Ventilago leiocarpa* Benth.	09608、09775、CHD0260
629	胡颓子科	191	胡颓子属	蔓胡颓子	*Elaeagnus glabra* Thunb.	WZH0021
630	胡颓子科	191	胡颓子属	胡颓子	*Elaeagnus pungens* Thunb.	09931、WZH0120
631	葡萄科	193	蛇葡萄属	广东蛇葡萄	*Ampelopsis cantoniensis*（Hook. & Arn.）Planch.	09812
632	葡萄科	193	蛇葡萄属	牯岭蛇葡萄	*Ampelopsis glandulosa* var. *kulingensis*（Rehder）Momiy.	CHD0212
633	葡萄科	193	蛇葡萄属	显齿蛇葡萄	*Ampelopsis grossedentata*（Hand. -Mazz.）W. T. Wang	007094、09798、09800、09804、09823、10010、CHD0148、CHD0174、CHD0215
634	葡萄科	193	乌蔹莓属	角花乌蔹莓	*Cayratia corniculata*（Benth.）Gagnep.	09935、10008、8959
635	葡萄科	193	地锦属	绿叶地锦	*Parthenocissus laetevirens* Rehder	09841
636	葡萄科	193	崖爬藤属	扁担藤	*Tetrastigma planicaule*（Hook. f.）Gagnep.	10081
637	芸香科	194	柑橘属	*柚	*Citrus maxima*（Burm.）Merr.	
638	芸香科	194	柑橘属	*柑橘	*Citrus reticulata* Blanco	
639	芸香科	194	吴茱萸属	华南吴萸	*Tetradium austrosinense*（Hand. -Mazz.）T. G. Hartley	09740、10105
640	芸香科	194	吴茱萸属	楝叶吴萸	*Tetradium glabrifolium*（Champ. ex Benth.）T. G. Hartley	007198
641	芸香科	194	吴茱萸属	吴茱萸	*Tetradium ruticarpum*（A. Juss.）T. G. Hartley	007078
642	芸香科	194	蜜茱萸属	三桠苦	*Melicope pteleifolia*（Champ. ex Benth.）T. G. Hartley	09934、CHD0130

（续）

编号	科名	科号	属名	中文名	拉丁学名	采集号
643	芸香科	194	九里香属	千里香	*Murraya paniculata*（L.）Jack	007573
644	芸香科	194	茵芋属	乔木茵芋	*Skimmia arborescens* T. Anderson ex Gamble	09579、CHD0111
645	芸香科	194	飞龙掌血属	飞龙掌血	*Toddalia asiatica*（L.）Lam.	007236、007423、CHD0098
646	芸香科	194	花椒属	竹叶花椒	*Zanthoxylum armatum* DC.	007572
647	芸香科	194	花椒属	簕欓花椒	*Zanthoxylum avicennae*(Lam.）DC.	
648	芸香科	194	花椒属	大叶臭花椒	*Zanthoxylum myriacanthum* Wall. ex Hook. f.	09815、09829、10063
649	芸香科	194	花椒属	两面针	*Zanthoxylum nitidum*（Roxb.）DC.	09786、CHD0047、WZH0030
650	芸香科	194	花椒属	花椒簕	*Zanthoxylum scandens* Blume	007512、09655
651	楝科	197	麻楝属	＊麻楝	*Chukrasia tabularis* A. Juss.	WZH0152
652	楝科	197	楝属	楝	*Melia azedarach* L.	10158
653	楝科	197	香椿属	红椿	*Toona ciliata* M. Roem.	
654	无患子科	198	倒地铃属	倒地铃	*Cardiospermum halicacabum* L.	
655	无患子科	198	无患子属	无患子	*Sapindus saponaria* L.	09959、CHD0224
656	无患子科	198	龙眼属	＊龙眼	*Dimocarpus longan* Lour.	
657	无患子科	198	荔枝属	＊荔枝	*Litchi chinensis* Sonn.	
658	伯乐树科	198B	伯乐树属	伯乐树	*Bretschneidera sinensis* Hemsl.	
659	槭树科	200	槭属	罗浮枫	*Acer fabri* Hance	007499
660	槭树科	200	槭属	岭南枫	*Acer tutcheri* Duthie	007207、007515、09576、CHD0069、WZH0059
661	清风藤科	201	泡花树属	香皮树	*Meliosma fordii* Hemsl.	10066
662	清风藤科	201	泡花树属	樟叶泡花树	*Meliosma squamulata* Hance	007212、09520、8885
663	清风藤科	201	泡花树属	山檨叶泡花树	*Meliosma thorelii* Lecomte	09769、CHD0007、WZH0146
664	清风藤科	201	清风藤属	灰背清风藤	*Sabia discolor* Dunn	09571、09617
665	清风藤科	201	清风藤属	柠檬清风藤	*Sabia limoniacea* Wall. ex Hook. f. & Thomson	007298、10040
666	清风藤科	201	清风藤属	尖叶清风藤	*Sabia swinhoei* Hemsl.	007501
667	省沽油科	204	山香圆属	锐尖山香圆	*Turpinia arguta*（Lindl.）Seem.	007255、007431、09585、CHD0051、WZH0067
668	省沽油科	204	山香圆属	山香圆	*Turpinia montana*（Blume）Kurz	10084、8919
669	漆树科	205	南酸枣属	南酸枣	*Choerospondias axillaris*（Roxb.）B. L. Burtt & A. W. Hill	09763、CHD0222
670	漆树科	205	盐肤木属	盐肤木	*Rhus chinensis* Mill.	007117、09749、CHD0242
671	漆树科	205	漆属	野漆	*Toxicodendron succedaneum*（L.）O. Kuntze	

（续）

编号	科名	科号	属名	中文名	拉丁学名	采集号
672	牛栓藤科	206	红叶藤属	小叶红叶藤	*Rourea microphylla*（Hook. & Arn.）Planch.	
673	胡桃科	207	黄杞属	白皮黄杞	*Engelhardtia fenzelii* Merr.	CHD0018
674	胡桃科	207	黄杞属	黄杞	*Engelhardia roxburghiana* Wall.	WZH0027
675	山茱萸科	209	桃叶珊瑚属	桃叶珊瑚	*Aucuba chinensis* Benth.	007483
676	山茱萸科	209	桃叶珊瑚属	倒心叶珊瑚	*Aucuba obcordata*（Rehder）Fu ex W. K. Hu & Soong	
677	山茱萸科	209	山茱萸属	香港四照花	*Cornus hongkongensis* Hemsl.	09760
678	山茱萸科	209	山茱萸属	褐毛四照花	*Cornus hongkongensis* subsp. *ferruginea*（Y. C. Wu）Q. Y. Xiang	09711
679	八角枫科	210	八角枫属	八角枫	*Alangium chinense*（Lour.）Harms	09824、09848、10157、08849、CHD0091
680	八角枫科	210	八角枫属	毛八角枫	*Alangium kurzii* Craib	
681	五加科	212	五加属	白簕	*Eleutherococcus trifoliatus*（L.）S. Y. Hu	CHD0225
682	五加科	212	五加属	刚毛白簕	*Eleutherococcus setosus*（H. L. Li）Y. R. Ling	CHD0011
683	五加科	212	楤木属	台湾毛楤木	*Aralia decaisneana* Hance	007398、10003
684	五加科	212	树参属	树参	*Dendropanax dentiger*（Harms）Merr.	007205
685	五加科	212	树参属	变叶树参	*Dendropanax proteus*（Champ. ex Benth.）Benth.	007370、09514、WZH0051
686	五加科	212	常春藤属	常春藤	*Hedera nepalensis* var. *sinensis*（Tobler）Rehder	007505
687	五加科	212	幌伞枫属	短梗幌伞枫	*Heteropanax brevipedicellatus* H. L. Li	WZH0133
688	五加科	212	鹅掌柴属	鹅掌柴	*Schefflera heptaphylla*（L.）Frodin	WZH0008
689	伞形科	213	当归属	紫花前胡	*Angelica decursiva*（Miq.）Franch. & Sav.	007270
690	伞形科	213	积雪草属	积雪草	*Centella asiatica*（L.）Urb.	09730
691	伞形科	213	鸭儿芹属	鸭儿芹	*Cryptotaenia japonica* Hassk.	CHD0026
692	伞形科	213	天胡荽属	红马蹄草	*Hydrocotyle nepalensis* Hook.	007312、09666、CHD0211
693	伞形科	213	天胡荽属	破铜钱	*Hydrocotyle sibthorpioides* var. *batrachium*（Hance）Hand. - Mazz. ex Shan	CHD0261
694	伞形科	213	茴芹属	异叶茴芹	*Pimpinella diversifolia* DC.	007147
695	伞形科	213	变豆菜属	薄片变豆菜	*Sanicula lamelligera* Hance	007384、007507
696	伞形科	213	变豆菜属	直刺变豆菜	*Sanicula orthacantha* S. Moore	
697	桤叶树科	214	桤叶树属	云南桤叶树	*Clethra delavayi* Franch.	09944

（续）

编号	科名	科号	属名	中文名	拉丁学名	采集号
698	杜鹃花科	215	金叶子属	广东假木荷	*Craibiodendron scleranthum* var. *kwangtungense*（S. Y. Hu）Judd	
699	杜鹃花科	215	吊钟花属	吊钟花	*Enkianthus quinqueflorus* Lour.	09522、CHD0067、WZH0054
700	杜鹃花科	215	吊钟花属	齿缘吊钟花	*Enkianthus serrulatus*（E. H. Wilson）C. K. Schneid.	
701	杜鹃花科	215	杜鹃属	刺毛杜鹃	*Rhododendron championiae* Hook.	007216
702	杜鹃花科	215	杜鹃属	弯蒴杜鹃	*Rhododendron henryi* Hance	
703	杜鹃花科	216	杜鹃属	白马银花	*Rhododendron hongkongense* Hutch.	
704	杜鹃花科	215	杜鹃属	岭南杜鹃	*Rhododendron mariae* Hance	
705	杜鹃花科	215	杜鹃属	满山红	*Rhododendron mariesii* Hemsl. & Wilson	09985
706	杜鹃花科	215	杜鹃属	毛棉杜鹃花	*Rhododendron moulmainense* Hook.	007502、09965
707	杜鹃花科	215	杜鹃属	马银花	*Rhododendron ovatum*（Lindl.）Planch. ex Maxim.	007388、007554
708	杜鹃花科	216	杜鹃属	杜鹃	*Rhododendron simsii* Planch.	
709	越桔科	216	越橘属	南烛	*Vaccinium bracteatum* Thunb.	007492、09545
710	越橘科	216	越橘属	小叶南烛	*Vaccinium bracteatum* var. *chinense*（Lodd.）Chun ex Sleumer	09805、09809
711	越橘科	216	越橘属	流苏萼越桔	*Vaccinium fimbricalyx* Chun & W. P. Fang	09954
712	柿树科	221	柿属	乌材	*Diospyros eriantha* Champ. ex Benth.	007263、09744、10109
713	柿树科	221	柿属	*柿	*Diospyros kaki* Thunb.	
714	柿树科	221	柿属	罗浮柿	*Diospyros morrisiana* Hance	007153、09532、CHD0016、WZH0019
715	柿树科	221	柿属	延平柿	*Diospyros tsangii* Merr.	007530、8935
716	山榄科	222	铁榄属	铁榄	*Sinosideroxylon pedunculatum*（Hemsl.）H. Chuang	007172、09806、09822、8969、WZH0063、WZH0116
717	山榄科	222	铁榄属	革叶铁榄	*Sinosideroxylon wightianum*（Hook. & Arn.）Aubrév.	
718	山榄科	222A	肉实树属	肉实树	*Sarcosperma laurinum*（Benth.）Hook. f.	
719	紫金牛科	223	紫金牛属	少年红	*Ardisia alyxiifolia* Tsiang ex C. Chen	09645
720	紫金牛科	223	紫金牛属	九管血	*Ardisia brevicaulis* Diels	09940
721	紫金牛科	223	紫金牛属	朱砂根	*Ardisia crenata* Sims	8916
722	紫金牛科	223	紫金牛属	百两金	*Ardisia crispa*（Thunb.）A. DC.	007503
723	紫金牛科	223	紫金牛属	大罗伞树	*Ardisia hanceana* Mez	007282、007424、09838、8815、8868、CHD0134、WZH0050

（续）

编号	科名	科号	属名	中文名	拉丁学名	采集号
724	紫金牛科	223	紫金牛属	山血丹	*Ardisia lindleyana* D. Dietr.	09584、09828、8864、WZH0020
725	紫金牛科	223	紫金牛属	虎舌红	*Ardisia mamillata* Hance	8970、WZH0013
726	紫金牛科	223	紫金牛属	莲座紫金牛	*Ardisia primulifolia* Gardner & Champ.	09650
727	紫金牛科	223	紫金牛属	九节龙	*Ardisia pusilla* A. DC.	007355
728	紫金牛科	223	紫金牛属	罗伞树	*Ardisia quinquegona* Blume	10082、8945
729	紫金牛科	223	酸藤子属	酸藤子	*Embelia laeta*（L.）Mez	
730	紫金牛科	223	酸藤子属	当归藤	*Embelia parviflora* Wall. ex A. DC.	007354、007454、09901
731	紫金牛科	223	酸藤子属	厚叶白花酸藤果	*Embelia ribes* subsp. *pachyphylla*（Chun ex C. Y. Wu & C. Chen）Pipoly & C. Chen	09742、10022、8897
732	紫金牛科	223	酸藤子属	平叶酸藤子	*Embelia undulata*（Wall.）Mez	09731
733	紫金牛科	223	酸藤子属	密齿酸藤子	*Embelia vestita* Roxb.	09570、09636、09689、WZH0062
734	紫金牛科	223	杜茎山属	杜茎山	*Maesa japonica*（Thunb.）Moritzi ex Zoll.	09818、09833、WZH0046
735	紫金牛科	223	杜茎山属	鲫鱼胆	*Maesa perlarius*（Lour.）Merr.	09993、8804
736	紫金牛科	223	铁仔属	针齿铁仔	*Myrsine semiserrata* Wall.	09640、09957、WZH0075
737	紫金牛科	223	铁仔属	光叶铁仔	*Myrsine stolonifera*（Koidz.）E. Walker	007531、WZH0090
738	紫金牛科	223	铁仔属	密花树	*Myrsine seguinii* H. Lév.	WZH0128
739	安息香科	224	赤杨叶属	赤杨叶	*Alniphyllum fortunei*（Hemsl.）Makino	9983
740	安息香科	224	木瓜红属	广东木瓜红	*Rehderodendron kwangtungense* Chun	
741	安息香科	224	安息香属	栓叶安息香	*Styrax suberifolius* Hook. & Arn.	09926、09937、08836
742	山矾科	225	山矾属	腺柄山矾	*Symplocos adenopus* Hance	8949、CHD0097、WZH0040
743	山矾科	225	山矾属	薄叶山矾	*Symplocos anomala* Brand	CHD0065、CHD0153
744	山矾科	225	山矾属	白檀	*Symplocos paniculata*（Thunb.）Miq.	10000
745	山矾科	225	山矾属	密花山矾	*Symplocos congesta* Benth.	09611、10103
746	山矾科	225	山矾属	光叶山矾	*Symplocos lancifolia* Siebold & Zucc.	007209、09526、10174、CHD0057、CHD0088、WZH0015、WZH0110
747	山矾科	225	山矾属	黄牛奶树	*Symplocos cochinchinensis* var. *laurina*（Retz.）Noot.	007547
748	山矾科	225	山矾属	老鼠矢	*Symplocos stellaris* Brand	09612
749	马钱科	228	醉鱼草属	白背枫	*Buddleja asiatica* Lour.	007223、8890
750	马钱科	228	醉鱼草属	醉鱼草	*Buddleja lindleyana* Fortune	CHD0250
751	马钱科	228	蓬莱葛属	蓬莱葛	*Gardneria multiflora* Makino	007389、09868、09870、8882
752	马钱科	228	钩吻属	钩吻	*Gelsemium elegans*（Gardner & Champ.）Benth.	007194、09936

（续）

编号	科名	科号	属名	中文名	拉丁学名	采集号
753	马钱科	228	马钱属	华马钱	*Strychnos cathayensis* Merr.	007218、09850、WZH0138、WZH0143
754	木犀科	229	素馨属	清香藤	*Jasminum lanceolaria* Roxb.	007432、09509
755	木犀科	229	素馨属	厚叶素馨	*Jasminum pentaneurum* Hand. -Mazz.	10065、8928
756	木犀科	229	素馨属	华素馨	*Jasminum sinense* Hemsl.	007578
757	木犀科	229	女贞属	小蜡	*Ligustrum sinense* Lour.	007045、WZH0127
758	木犀科	229	木犀属	*木犀	*Osmanthus fragrans* (Thunb.) Lour.	
759	木犀科	229	木犀属	牛矢果	*Osmanthus matsumuranus* Hayata	
760	夹竹桃科	230	链珠藤属	链珠藤	*Alyxia sinensis* Champ. ex Benth.	007156、09790、CHD0072
761	夹竹桃科	230	长春花属	*长春花	*Catharanthus roseus* (L.) G. Don	CHD0202
762	夹竹桃科	230	山橙属	尖山橙	*Melodinus fusiformis* Champ. ex Benth.	007195、10154
763	夹竹桃科	230	羊角拗属	羊角拗	*Strophanthus divaricatus* (Lour.) Hook. & Arn.	10049
764	夹竹桃科	230	络石属	络石	*Trachelospermum jasminoides* (Lindl.) Lem.	007359、007399、007571、09712、10002、8869
765	夹竹桃科	230	水壶藤属	酸叶胶藤	*Urceola rosea* (Hook. & Arn.) D. J. Middleton	10078、8918
766	萝藦科	231	白叶藤属	白叶藤	*Cryptolepis sinensis* (Lour.) Merr.	10131、CHD0255
767	萝藦科	231	鹅绒藤属	刺瓜	*Cynanchum corymbosum* Wight	
768	萝藦科	231	眼树莲属	瓜子金	Dischidia chinensis champ. ex Benth.	
769	萝藦科	231	匙羹藤属	匙羹藤	*Gymnema sylvestre* (Retz.) Schult.	
770	萝藦科	231	牛奶菜属	蓝叶藤	*Marsdenia tinctoria* R. Br.	CHD0087
771	萝藦科	231	弓果藤属	弓果藤	*Toxocarpus wightianus* Hook. & Arn.	09997
772	萝藦科	231	娃儿藤属	通天连	*Tylophora koi* Merr.	10016
773	茜草科	232	水团花属	水团花	*Adina pilulifera* (Lam.) Franch. ex Drake	09710、09755、09758、09765、09799、10089、WZH0033
774	茜草科	232	茜树属	香楠	*Aidia canthioides* (Champ. ex Benth.) Masam.	09669、09734、10061、WZH0047
775	茜草科	232	茜树属	茜树	*Aidia cochinchinensis* Lour.	CHD0143、CHD0145
776	茜草科	232	茜树属	多毛茜草树	*Aidia pycnantha* (Drake) Tirveng.	
777	茜草科	232	白香楠属	白果香楠	*Alleizettella leucocarpa* (Champ. ex Benth.) Tirveng.	007157、007458、09504、CHD0048、WZH0028
778	茜草科	232	流苏子属	流苏子	*Coptosapelta diffusa* (Champ. ex Benth.) Steenis	007178、09779、09784、09796、09797
779	茜草科	232	狗骨柴属	狗骨柴	*Diplospora dubia* (Lindl.) Masam	09635、WZH0029
780	茜草科	232	狗骨柴属	毛狗骨柴	*Diplospora fruticosa* Hemsl.	

（续）

编号	科名	科号	属名	中文名	拉丁学名	采集号
781	茜草科	232	栀子属	栀子	*Gardenia jasminoides* J. Ellis	10177
782	茜草科	232	耳草属	金草	*Hedyotis acutangula* Champ. ex Benth.	09971、WZH0049
783	茜草科	232	耳草属	耳草	*Hedyotis auricularia* L.	09948、CHD0110
784	茜草科	232	耳草属	剑叶耳草	*Hedyotis caudatifolia* Merr. & F. P. Metcalf	007593、09501、8799、8823、8884、8954、WZH0113
785	茜草科	232	耳草属	拟金草	*Hedyotis consanguinea* Hance	
786	茜草科	232	耳草属	伞房花耳草	*Hedyotis corymbosa* L.	007339、09899
787	茜草科	232	耳草属	白花蛇舌草	*Hedyotis diffusa*（Willd.）R. J. Wang	09907
788	茜草科	232	耳草属	牛白藤	*Hedyotis hedyotidea*（DC.）Merr.	007025、09970、CHD0220
789	茜草科	232	耳草属	长瓣耳草	*Hedyotis longipetala* Merr.	007087、CHD0081
790	茜草科	232	耳草属	粗毛耳草	*Hedyotis mellii* Tutcher	007253
791	茜草科	232	耳草属	纤花耳草	*Hedyotis tenelliflora* Blume	09909、8933
792	茜草科	232	耳草属	粗叶耳草	*Hedyotis verticillata*（L.）R. J. Wang	007342、007589、CHD0146、CHD0172、CHD0209
793	茜草科	232	龙船花属	龙船花	*Ixora chinensis* Lam.	CHD0193
794	茜草科	232	粗叶木属	罗浮粗叶木	*Lasianthus fordii* Hance	CHD0029
795	茜草科	232	粗叶木属	西南粗叶木	*Lasianthus henryi* Hutch.	007293
796	茜草科	232	粗叶木属	日本粗叶木	*Lasianthus japonicus* Miq.	007479、007565、09505、8814、CHD0083、09648
797	茜草科	232	巴戟天属	巴戟天	*Morinda officinalis* F. C. How	
798	茜草科	232	巴戟天属	羊角藤	*Morinda umbellata* subsp. *obovata* Y. Z. Ruan	
799	茜草科	232	巴戟天属	糖藤	*Morinda howiana* S. Y. Hu	007098、09953、CHD0070、WZH0036
800	茜草科	232	巴戟天属	鸡眼藤	*Morinda parvifolia* Bartl. ex DC.	CHD0137
801	茜草科	232	玉叶金花属	玉叶金花	*Mussaenda pubescens* W. T. Aiton	007193、007220、007435、09735、8822、8824、8833、CHD0006、WZH0065
802	茜草科	232	腺萼木属	华腺萼木	*Mycetia sinensis*（Hemsl.）Craib	007295、10116、CHD0171、CHD0186
803	茜草科	232	新耳草属	薄叶新耳草	*Neanotis hirsuta*（L. f.）W. H. Lewis	007351

（续）

编号	科名	科号	属名	中文名	拉丁学名	采集号
804	茜草科	232	蛇根草属	广州蛇根草	*Ophiorrhiza cantonensis* Hance	
805	茜草科	232	蛇根草属	日本蛇根草	*Ophiorrhiza japonica* Blume	007525、09511、8812
806	茜草科	232	鸡矢藤属	鸡矢藤	*Paederia foetida* L.	007053、007129、09882、09918、10083、10179
807	茜草科	232	九节属	溪边九节	*Psychotria fluviatilis* Chun ex W. C. Chen	
808	茜草科	232	九节属	九节	*Psychotria asiatica* L.	09738、8834
809	茜草科	232	九节属	蔓九节	*Psychotria serpens* L.	10186
810	茜草科	232	九节属	假九节	*Psychotria tutcheri* Dunn	WZH0082
811	茜草科	232	茜草属	金剑草	*Rubia alata* Wall.	007464、09538、WZH0105
812	茜草科	232	茜草属	多花茜草	*Rubia wallichiana* Decne.	007179
813	茜草科	232	丰花草属	阔叶丰花草	*Spermacoce alata* Aubl.	007227、10005
814	茜草科	232	丰花草属	光叶丰花草	*Spermacoce remota* Lam.	09867
815	茜草科	232	乌口树属	假桂乌口树	*Tarenna attenuata*（Hook. f.）Hutch.	007189、09737、09768、09771、8807、8913、CHD0075、WZH0039
816	茜草科	232	乌口树属	白花苦灯笼	*Tarenna mollissima*（Hook. & Arn.）B. L. Rob.	007500
817	茜草科	232	钩藤属	钩藤	*Uncaria rhynchophylla*（Miq.）Miq. ex Havil.	WZH0034
818	茜草科	232	钩藤属	侯钩藤	*Uncaria rhynchophylloides* F. C. How	
819	茜草科	232	水锦树属	水锦树	*Wendlandia uvariifolia* Hance	
820	忍冬科	233	忍冬属	华南忍冬	*Lonicera confusa* DC.	
821	忍冬科	233	忍冬属	忍冬	*Lonicera japonica* Thunb.	
822	忍冬科	233	忍冬属	大花忍冬	*Lonicera macrantha*（D. Don）Spreng.	CHD0166
823	忍冬科	233	忍冬属	皱叶忍冬	*Lonicera reticulata* Champ. ex Benth.	007192、8962
824	忍冬科	233	接骨木属	接骨草	*Sambucus javanica* Blume	CHD0005
825	忍冬科	233	荚蒾属	金腺荚蒾	*Viburnum chunii* P. S. Hsu	09600
826	忍冬科	233	荚蒾属	宜昌荚蒾	*Viburnum erosum* Thunb.	
827	忍冬科	233	荚蒾属	南方荚蒾	*Viburnum fordiae* Hance	10012、CHD0256、WZH0125
828	忍冬科	233	荚蒾属	淡黄荚蒾	*Viburnum lutescens* Blume	007238、CHD0132、WZH0111
829	忍冬科	233	荚蒾属	珊瑚树	*Viburnum odoratissimum* Ker Gawl.	09697、09773

（续）

编号	科名	科号	属名	中文名	拉丁学名	采集号
830	忍冬科	233	荚蒾属	常绿荚蒾	*Viburnum sempervirens* K. Koch	
831	败酱科	235	败酱属	白花败酱	*Patrinia villosa*（Thunb.）Dufr.	007030、007379
832	菊科	238	金钮扣属	金扭扣	*Acmella paniculata*（Wall. ex DC.）R. K. Jansen	
833	菊科	238	下田菊属	下田菊	*Adenostemma lavenia*（L.）Kuntze	
834	菊科	238	藿香蓟属	藿香蓟	*Ageratum conyzoides* L.	
835	菊科	238	兔儿风属	蓝兔儿风	*Ainsliaea caesia* Hand. -Mazz.	007558
836	菊科	238	蒿属	黄花蒿	*Artemisia annua* L.	007133
837	菊科	238	蒿属	奇蒿	*Artemisia anomala* S. Moore	007271、10122、CHD0205
838	菊科	238	蒿属	艾	*Artemisia argyi* H. Lév. & Vaniot	
839	菊科	238	蒿属	五月艾	*Artemisia indica* Willd.	007034
840	菊科	239	蒿属	牡蒿	*Artemisia japonica* Thunb.	
841	菊科	238	蒿属	白苞蒿	*Artemisia lactiflora* Wall. ex DC.	007079、007364
842	菊科	238	紫菀属	三褶脉紫菀	*Aster trinervius subsp. ageratoides*（Turcz.）Gri.	007459、10130、8809
843	菊科	238	紫菀属	微糙三脉紫菀	*Aster ageratoides* var. *scaberulus*（Miq.）Y. Ling	007143
844	菊科	238	紫菀属	钻叶紫菀	*Aster subulatus*（Michx.）Hort. ex Michx.	007015、10044
845	菊科	238	鬼针草属	鬼针草	*Bidens pilosa* L.	007039、007167、CHD0266
846	菊科	238	艾纳香属	东风草	*Blumea megacephala*（Randeria）C. C. Chang & Y. Q. Tseng	007008、007366、WZH0031
847	菊科	238	艾纳香属	柔毛艾纳香	*Blumea axillaris*（Lam.）DC.	007568
848	菊科	238	天名精属	金挖耳	*Carpesium divaricatum* Siebold & Zucc.	
849	菊科	238	石胡荽属	石胡荽	*Centipeda minima*（L.）A. Br. & Aschers	007348
850	菊科	238	蓟属	线叶蓟	*Cirsium lineare*（Thunb.）Sch. -Bip.	007085
851	菊科	238	飞蓬属	香丝草	*Erigeron bonariensis* L.	09991、CHD0265
852	菊科	238	飞蓬属	小蓬草	*Erigeron canadensis* L.	007066、09893、10048、8887
853	菊科	238	山芫荽属	芫荽菊	*Cotula anthemoides* L.	
854	菊科	238	野茼蒿属	野茼蒿	*Crassocephalum crepidioides*（Benth.）S. Moore	
855	菊科	238	鳢肠属	鳢肠	*Eclipta prostrata*（L.）L.	007074、CHD0231
856	菊科	238	地胆草属	地胆草	*Elephantopus scaber* L.	007317
857	菊科	238	一点红属	一点红	*Emilia sonchifolia*（L.）DC.	007280、09880、CHD0042

（续）

编号	科名	科号	属名	中文名	拉丁学名	采集号
858	菊科	238	菊芹属	败酱叶菊芹	*Erechtites valerianifolius*（Link ex Spreng.）DC.	CHD0253
859	菊科	238	飞蓬属	一年蓬	*Erigeron annuus*（L.）Pers.	CHD0204
860	菊科	238	假臭草属	假臭草	*Praxelis clematidea*（Griseb.）R. M. King & H. Rob.	007004、007044
861	菊科	238	泽兰属	多须公	*Eupatorium chinense* L.	007006、09502
862	菊科	238	牛膝菊属	牛膝菊	*Galinsoga parviflora* Cav.	09946、CHD0001
863	菊科	238	茼蒿属	茼蒿	*Glebionis coronaria*（L.）Cass. ex Spach	
864	菊科	238	鼠麹草属	拟鼠曲草	*Pseudognaphalium affine*（D. Don）Anderb.	09854
865	菊科	238	旋覆花属	羊耳菊	*Inula cappa*（Buch.-Ham. ex D. Don）Pruski & Anderb.	09943、09967
866	菊科	238	小苦荬属	细叶小苦荬	*Ixeridium gracile*（DC.）Pak & Kawano	
867	菊科	238	柴菀属	马兰	*Aster indicus* L.	007061
868	菊科	238	稻槎菜属	稻槎菜	*Lapsanastrum apogonoides*（Maxim.）Pak & K. Bremer	
869	菊科	238	假泽兰属	微甘菊	*Mikania micrantha* Kunth	
870	菊科	238	假福王草	假福王草	*Paraprenanthes sororia*（Miq.）C. Shih	
871	菊科	238	帚菊属	尖苞帚菊	*Pertya pungens* Y. C. Tseng	09913
872	菊科	238	莴苣属	翅果菊	*Lactuca indica* L.	007065
873	菊科	238	莴苣属	毛脉翅果菊	*Lactuca raddeana* Maxim.	WZH0014
874	菊科	238	千里光属	千里光	*Senecio scandens* Buch-Ham. ex D. Don	WZH0102
875	菊科	238	豨莶属	稀莶	*Sigesbeckia orientalis* L.	
876	菊科	238	一枝黄花属	一枝黄花	*Solidago decurrens* Lour.	
877	菊科	238	裸柱菊属	裸柱菊	*Soliva anthemifolia*（Juss.）R. Br.	
878	菊科	238	金腰箭属	金腰箭	*Synedrella nodiflora*（L.）Gaertn.	
879	菊科	238	斑鸠菊属	夜香牛	*Vernonia cinerea*（L.）Less.	007144
880	菊科	238	斑鸠菊属	毒根斑鸠菊	*Vernonia cumingiana* Benth.	09770
881	菊科	238	斑鸠菊属	茄叶斑鸠菊	*Vernonia solanifolia* Benth.	10059
882	菊科	238	蟛蜞菊属	三裂叶蟛蜞菊	*Sphagneticola trilobata*（L.）Pruski	09896
883	菊科	238	苍耳属	苍耳	*Xanthium strumarium* L.	007148
834	菊科	238	黄鹌菜属	黄鹌菜	*Youngia japonica*（L.）DC.	007440、09892
885	龙胆科	239	穿心草属	罗星草	*Canscora andrographioides* Griff. ex C. B. Clarke	007105、09594、09723、10184

（续）

编号	科名	科号	属名	中文名	拉丁学名	采集号
886	龙胆科	239	双蝴蝶属	香港双蝴蝶	*Tripterospermum nienkui*（C. Marquand）C. J. Wu	007185、007532、09976、WZH0072
887	睡菜科	239A	荇菜属	金银莲花	*Nymphoides indica*（L.）Kuntze	007394
888	报春花科	240	珍珠菜属	临时救	*Lysimachia congestiflora* Hemsl.	8877
889	报春花科	240	珍珠菜属	延叶珍珠菜	*Lysimachia decurrens* G. Forst.	007576、09951
890	报春花科	240	珍珠菜属	星宿菜	*Lysimachia fortunei* Maxim.	09916、CHD0039
891	报春花科	240	珍珠菜属	巴东过路黄	*Lysimachia patungensis* Hand. -Mazz.	
892	报春花科	240	珍珠菜属	阔叶假排草	*Lysimachia petelotii* Merr.	09583、09621、09660、8876
893	车前草科	242	车前属	车前	*Plantago asiatica* L.	CHD0003
894	车前草科	242	车前属	大车前	*Plantago major* L.	10074
895	桔梗科	243	金钱豹属	大花金钱豹	*Campanumoea javanica* Blume	10171
896	桔梗科	243	轮钟花属	轮钟花	*Cyclocodon lancifolius*（Roxb.）Kurz	09858
897	半边莲科	244	半边莲属	半边莲	*Lobelia chinensis* Lour.	007337、CHD0012
898	半边莲科	244	半边莲属	线萼山梗菜	*Lobelia melliana* E. Wimm.	007285、10141
899	半边莲科	244	半边莲属	卵叶半边莲	*Lobelia zeylanica* L.	007313、10181、CHD0109
900	半边莲科	244	铜锤玉带属	铜锤玉带草	*Lobelia nummularia* Lam.	09903、CHD0025
901	紫草科	249	斑种草属	柔弱斑种草	*Bothriospermum zeylanicum*（J. Jacq.）Druce	007336
902	紫草科	249	琉璃草属	琉璃草	*Cynoglossum furcatum* Wall.	09716
903	紫草科	249	琉璃草属	小花琉璃草	*Cynoglossum lanceolatum* Forssk.	
904	紫草科	249	厚壳树属	长花厚壳树	*Ehretia longiflora* Champ. ex Benth.	007535、09558
905	茄科	250	红丝线属	红丝线	*Lycianthes biflora*（Lour.）Bitter	007320、09855、WZH0121
906	茄科	250	酸浆属	苦蘵	*Physalis angulata* L.	
907	茄科	250	茄属	少花龙葵	*Solanum americanum* Mill.	007084、CHD0009
908	茄科	250	茄属	牛茄子	*Solanum capsicoides* All.	007451、09752
909	茄科	250	茄属	白英	*Solanum lyratum* Thunb. ex Murray	007007
910	茄科	250	茄属	水茄	*Solanum torvum* Sw.	10077、8963
911	旋花科	251	番薯属	＊蕹菜	*Ipomoea aquatica* Forssk.	
912	旋花科	251	番薯属	＊番薯	*Ipomoea batatas*（L.）Lam.	
913	旋花科	251	番薯属	五爪金龙	*Ipomoea cairica*（L.）Sweet	

（续）

编号	科名	科号	属名	中文名	拉丁学名	采集号
914	旋花科	251	番薯属	三裂叶薯	*Ipomoea triloba* L.	09802
915	旋花科	251	鱼黄草属	篱栏网	*Merremia hederacea*（Burm. f.）Hallier f.	007164
916	旋花科	251	番薯属	牵牛	*Ipomoea nil*（L.）Roth	007395、10029
917	玄参科	252	毛麝香属	毛麝香	*Adenosma glutinosum*（L.）Druce	007136、09887、8832
918	玄参科	252	来江藤属	岭南来江藤	*Brandisia swinglei* Merr.	007365、09646、09702
919	玄参科	252	石龙尾属	异叶石龙尾	*Limnophila heterophylla*（Roxb.）Benth.	007350
920	玄参科	252	石龙尾属	大叶石龙尾	*Limnophila rugosa*（Roth）Merr.	007014、10045
921	玄参科	252	石龙尾属	石龙尾	*Limnophila sessiliflora*（Vahl）Blume	
922	玄参科	252	母草属	长蒴母草	*Lindernia anagallis*（Burm. f.）Pennell	
923	玄参科	252	母草属	泥花草	*Lindernia antipoda*（L.）Alston	007343、09906
924	玄参科	252	母草属	母草	*Lindernia crustacea*（L.）F. Muell.	007338、007345、09724、10149
925	玄参科	252	母草属	旱田草	*Lindernia ruellioides*（Colsm.）Pennell	007462、CHD0129
926	玄参科	252	母草属	荨麻母草	*Lindernia elata*（Benth.）Wettst.	007254、09994
927	玄参科	252	母草属	黏毛母草	*Lindernia viscosa*（Hornem.）Bold.	09942
928	玄参科	252	泡桐属	白花泡桐	*Paulownia fortunei*（Seem.）Hemsl.	
929	玄参科	252	泡桐属	台湾泡桐	*Paulownia kawakamii* T. Itô	
930	玄参科	252	通泉草属	通泉草	*Mazus pumilus*（Burm. f.）Steenis	007349、007549
931	玄参科	252	蝴蝶草属	长叶蝴蝶草	*Torenia asiatica* L.	007404、09891
932	玄参科	252	蝴蝶草属	二花蝴蝶草	*Torenia biniflora* T. L. Chin & D. Y. Hong	007310
933	玄参科	252	蝴蝶草属	黄花蝴蝶草	*Torenia flava* Buch. -Ham. ex Benth.	09990
934	玄参科	252	蝴蝶草属	紫斑蝴蝶草	*Torenia fordii* Hook. f.	10098
935	玄参科	252	蝴蝶草属	紫萼蝴蝶草	*Torenia violacea*（Azaola ex Blanco）Pennell	10043
936	列当科	253	野菰属	野菰	*Aeginetia indica* L.	09879
937	狸藻科	254	狸藻属	挖耳草	*Utricularia bifida* L.	007369、10100、CHD0233
938	狸藻科	254	狸藻属	圆叶挖耳草	*Utricularia striatula* Sm.	09677、09728
939	苦苣苔科	256	南洋苣苔属	光萼唇柱苣苔	*Henckelia anachoreta*（Hance）D. J. Middleton & Mich. Möller	007222、10145
940	苦苣苔科	256	唇柱苣苔属	蚂蟥七	*Chirita fimbrisepala*（Hand. -Mazz.）Yin Z. Wang	007385、007506、10166
941	苦苣苔科	256	双片苣苔属	双片苣苔	*Didymostigma obtusum*（C. B. Clarke）W. T. Wang	007281、09642、10133、CHD0108
942	苦苣苔科	256	马铃苣苔属	长瓣马铃苣苔	*Oreocharis auricula*（S. Moore）C. B. Clarke	8878
943	苦苣苔科	256	线柱苣苔属	椭圆线柱苣苔	*Rhynchotechum ellipticum*（Wall. ex D. Dietr.）A. DC.	8800、CHD0185

（续）

编号	科名	科号	属名	中文名	拉丁学名	采集号
944	爵床科	259	穿心莲属	穿心莲	*Andrographis paniculata*（Burm. f.）Wall. ex Nees	007331
945	爵床科	259	钟花草属	钟花草	*Codonacanthus pauciflorus*（Nees）Nees	007258
946	爵床科	259	狗肝菜属	狗肝菜	*Dicliptera chinensis*（L.）Juss.	007276
947	爵床科	259	水蓑衣属	水蓑衣	*Hygrophila ringens*（L.）R. Br. ex Spreng.	007300
948	爵床科	259	爵床属	华南爵床	*Justicia austrosinensis* H. S. Lo	007091、10073、8936
949	爵床科	259	爵床属	爵床	*Justicia procumbens* L.	007059、007413、09884
950	爵床科	259	爵床属	杜根藤	*Justicia quadrifaria*（Nees）T. Anderson	09685
951	爵床科	259	山壳骨属	山壳骨	*Pseuderanthemum latifolium*（Vahl）B. Hansen	WZH0097、09986
952	爵床科	259	叉柱花属	弯花叉柱花	*Staurogyne chapaensis* Benoist	
953	爵床科	259	叉柱花属	叉柱花	*Staurogyne concinnula*（Hance）Kuntze	007528、09675、CHD0102
954	爵床科	259	马蓝属	板蓝	*Strobilanthes cusia*（Nees）Kuntze	
955	爵床科	259	马蓝属	曲枝假蓝	*Strobilanthes dalzielii*（W. W. Sm.）Benoist	007288、007420、10106、WZH0043
956	爵床科	259	马蓝属	薄叶马蓝	*Strobilanthes labordei* H. Lév.	007430
957	马鞭草科	263	紫珠属	紫珠	*Callicarpa bodinieri* H. Lév.	09687
958	马鞭草科	263	紫珠属	华紫珠	*Callicarpa cathayana* H. T. Chang	007056
959	马鞭草科	263	紫珠属	多齿紫珠	*Callicarpa dentosa*（Hung T. Chang）W. Z. Fang	
960	马鞭草科	263	紫珠属	杜虹花	*Callicarpa formosana* Rolfe	10057、CHD0020
961	马鞭草科	263	紫珠属	枇杷叶紫珠	*Callicarpa kochiana* Makino	007090、09693、WZH0151
962	马鞭草科	263	紫珠属	广东紫珠	*Callicarpa kwangtungensis* Chun	007314、09814、8837
963	马鞭草科	263	紫珠属	钩毛紫珠	*Callicarpa peichieniana* Chun & S. L. Chen ex H. Ma & W. B. Yu	007159、WZH0103
964	马鞭草科	263	紫珠属	红紫珠	*Callicarpa rubella* Lindl.	007186、WZH0070
965	马鞭草科	263	大青属	灰毛大青	*Clerodendrum canescens* Wall. ex Walp.	09982
966	马鞭草科	263	大青属	白花灯笼	*Clerodendrum fortunatum* L.	007095、09563、CHD0218
967	马鞭草科	263	大青属	赪桐	*Clerodendrum japonicum*（Thunb.）Sweet	8817、CHD0131
968	马鞭草科	263	大青属	尖齿臭茉莉	*Clerodendrum lindleyi* Decne. ex Planch.	007168、CHD0271
969	马鞭草科	263	大青属	重瓣臭茉莉	*Clerodendrum Chinen se*（Osbeck）Mabb.	
970	马鞭草科	263	马缨丹属	马缨丹	*Lantana camara* L.	
971	马鞭草科	263	马鞭草属	马鞭草	*Verbena officinalis* L.	WZH0131
972	马鞭草科	263	牡荆属	黄荆	*Vitex negundo* L.	007042
973	马鞭草科	263	牡荆属	牡荆	*Vitex negundo* var. *cannabifolia*（Siebold & Zucc.）Hand. -Mazz.	007047、09719、8894

（续）

编号	科名	科号	属名	中文名	拉丁学名	采集号
974	马鞭草科	263	牡荆属	山牡荆	*Vitex quinata* (Lour.) F. N. Williams	
975	唇形科	264	筋骨草属	金疮小草	*Ajuga decumbens* Thunb.	007523、CHD0258
976	唇形科	264	筋骨草属	紫背金盘	*Ajuga nipponensis* Makino	10097
977	唇形科	264	广防风属	广防风	*Anisomeles indica* (L.) Kuntze	007040
978	唇形科	264	风轮菜属	细风轮菜	*Clinopodium gracile*(Benth.) Matsum.	8826、CHD0238
979	唇形科	264	锥花属	中华锥花	*Gomphostemma chinense* Oliv.	007266、10134
980	唇形科	264	香茶菜属	香茶菜	*Isodon amethystoides* (Benth.) H. Hara	
981	唇形科	264	香茶菜属	线纹香茶菜	*Isodon lophanthoides* (Buch. -Ham. ex D. Don) H. Hara	007316、10075、8961
982	唇形科	264	香茶菜属	细花线纹香茶菜	*Isodon lophanthoides* var. *graciliflorus* (Benth.) H. Hara	007286
983	唇形科	264	香茶菜属	溪黄草	*Isodon serra* (Maxim.) Kudô	007315
984	唇形科	264	石荠苎属	石荠苎	*Mosla scabra* (Thunb.) C. Y. Wu & H. W. Li	007063
985	唇形科	264	假糙苏属	狭叶假糙苏	*Paraphlomis javanica* var. *angustifolia* (C. Y. Wu) C. Y. Wu & H. W. Li	09633
986	唇形科	264	紫苏属	野生紫苏	*Perilla frutescens* var. *purpurascens* (Hayata) H. W. Li	007261、09739
987	唇形科	264	刺蕊草属	长苞刺蕊草	*Pogostemon chinensis* C. Y. Wu & Y. C. Huang	
988	唇形科	264	刺蕊草属	北刺蕊草	*Pogostemon septentrionalis* C. Y. Wu & Y. C. Huang	007265
989	唇形科	264	鼠尾草属	蕨叶鼠尾草	*Salvia filicifolia* Merr.	007259、10115
990	唇形科	264	鼠尾草属	鼠尾草	*Salvia japonica* Thunb.	007149
991	唇形科	264	黄芩属	半枝莲	*Scutellaria barbata* D. Don	
992	唇形科	264	黄芩属	韩信草	*Scutellaria indica* L.	
993	唇形科	264	黄芩属	南粤黄芩	*Scutellaria wongkei* Dunn	10035、8892
994	唇形科	264	香科科属	血见愁	*Teucrium viscidum* Blume	CHD0264
995	鸭跖草科	280	鸭跖草属	饭包草	*Commelina benghalensis* L.	007309、CHD0249
996	鸭跖草科	280	鸭跖草属	大苞鸭跖草	*Commelina paludosa* Blume	007328
997	鸭跖草科	280	聚花草属	聚花草	*Floscopa scandens* Lour.	007287
998	鸭跖草科	280	杜若属	杜若	*Pollia japonica* Thunb.	10138
999	谷精草科	285	谷精草属	华南谷精草	*Eriocaulon sexangulare* L.	

（续）

编号	科名	科号	属名	中文名	拉丁学名	采集号
1000	芭蕉科	287	芭蕉属	＊小果野蕉	*Musa acuminata* Colla	
1001	芭蕉科	287	芭蕉属	野蕉	*Musa balbisiana* Colla	
1002	芭蕉科	287	芭蕉属	＊大蕉	*Musa* × *paradisiaca* L.	
1003	姜科	290	山姜属	从化山姜	*Alpinia conghuaensis* J. P. Liao & T. L. Wu	007329、007510、09539
1004	姜科	290	山姜属	海南山姜	*Alpinia hainanensis* K. Schum.	8818
1005	姜科	290	山姜属	山姜	*Alpinia japonica*（Tunb.）Miq.	CHD0099
1006	姜科	290	山姜属	箭秆风	*Alpinia jianganfeng* T. L. Wu	8958
1007	姜科	290	山姜属	华山姜	*Alpinia oblongifolia* Hayata	007444、007504、09751、09875、WZH0035
1008	姜科	290	山姜属	花叶山姜	*Alpinia pumila* Hook. f.	007294、09652、09668、8805
1009	姜科	290	山姜属	密苞山姜	*Alpinia stachyodes* Hance	09577
1010	姜科	290	山姜属	艳山姜	*Alpinia zerumbet*（Pers.）B. L. Burtt & R. M. Sm.	
1011	姜科	290	大苞姜属	黄花大苞姜	*Caulokaempferia* coenobialis（Hance）K. Larsen	09661、8862、CHD0104
1012	姜科	290	闭鞘姜属	闭鞘姜	*Costus speciosus*（J. Koenig.）Sm.	10144、CHD0203
1013	姜科	290	舞花姜属	舞花姜	*Globba racemosa* Sm.	
1014	姜科	290	姜属	＊珊瑚姜	*Zingiber corallinum* Hance	
1015	姜科	290	姜属	蘘荷	*Zingiber mioga*（Thunb.）Roscoe	WZH0017
1016	姜科	290	姜属	＊姜	*Zingiber officinale* Roscoe	
1017	百合科	293	天门冬属	天门冬	*Asparagus cochinchinensis*（Lour.）Merr.	007390、007410
1018	百合科	293	白丝草属	中国白丝草	*Chionographis chinensis* K. Krause	007557
1019	百合科	293	山菅属	山菅	*Dianella ensifolia*（L.）DC.	007269、09533、09932、10128
1020	百合科	293	竹根七属	竹根七	*Disporopsis fuscopicta* Hance	8858
1021	百合科	293	万寿竹属	南投万寿竹	*Disporum nantouense* S. S. Ying	
1022	百合科	293	萱草属	黄花菜	*Hemerocallis citrina* Baroni	9659
1023	百合科	293	山麦冬属	山麦冬	*Liriope spicata*（Thunb.）Lour.	007246、09658、8922、CHD0184、WZH0134
1024	百合科	293	球子草属	大盖球子草	*Peliosanthes macrostegia* Hance	7484
1025	百合科	293	黄精属	多花黄精	*Polygonatum cyrtonema* Hua	10140
1026	延龄草科	295	重楼属	华重楼	*Paris polyphylla var.* chinensis（*Franch.*）*H. Hara*	
1027	雨久花科	296	雨久花属	鸭舌草	*Monochoria vaginalis*（Burm. f.）C. Presl ex Kunth	007311、10126

（续）

编号	科名	科号	属名	中文名	拉丁学名	采集号
1028	菝葜科	297	菝葜属	弯梗菝葜	*Smilax aberrans* Gagnep.	CHD0189
1029	菝葜科	297	菝葜属	菝葜	*Smilax china* L.	CHD0213、WZH0087
1030	菝葜科	297	菝葜属	土茯苓	*Smilax glabra* Roxb.	WZH0088
1031	菝葜科	297	菝葜属	马甲菝葜	*Smilax lanceifolia* Roxb.	9647
1032	菝葜科	297	菝葜属	折枝菝葜	*Smilax lanceifolia* var. *elongata*（warb.）Wang et Tang	007102、09548、CHD0221
1033	菝葜科	297	菝葜属	大果菝葜	*Smilax megacarpa* A. DC.	8972
1034	菝葜科	297	菝葜属	牛尾菜	*Smilax riparia* A. DC.	CHD0010
1035	天南星科	302	菖蒲属	金钱蒲	*Acorus gramineus* Soland.	
1036	天南星科	302	海芋属	海芋	*Alocasia odora*（Roxb.）K. Koch	
1037	天南星科	302	磨芋属	南蛇棒	*Amorphophallus dunnii* Tutcher	007577
1038	天南星科	302	磨芋属	疣柄磨芋	*Amorphophallus paeoniifolius*（Dennst.）Nicolson	
1039	天南星科	302	天南星属	天南星	*Arisaema heterophyllum* Blume	8845
1040	天南星科	302	芋属	滇南芋	*Colocasia antiquorum* Schott	
1041	天南星科	302	芋属	* 芋	*Colocasia esculenta*（L.）Schott	
1042	天南星科	302	石柑属	石柑子	*Pothos chinensis*（Raf.）Merr.	007450
1043	石蒜科	306	石蒜属	忽地笑	*Lycoris aurea*（L'Hér.）Herb.	
1044	薯蓣科	311	薯蓣属	大青薯	*Dioscorea benthamii* Prain & Burkill	09762
1045	薯蓣科	311	薯蓣属	薯莨	*Dioscorea cirrhosa* Lour.	007092、007445、10064
1046	薯蓣科	311	薯蓣属	柳叶薯蓣	*Dioscorea linearicordata* Prain & Burkill	8940
1047	薯蓣科	311	薯蓣属	五叶薯蓣	*Dioscorea pentaphylla* L.	10127
1048	薯蓣科	311	薯蓣属	褐苞薯蓣	*Dioscorea persimilis* Prain & Burkill	007330、09844、10028
1049	棕榈科	314	省藤属	杖藤	*Calamus rhabdocladus* Burret	10169
1050	露兜树科	315	露兜树属	露兜草	*Pandanus austrosinensis* T. L. Wu	
1051	仙茅科	318	仙茅属	大叶仙茅	*Curculigo capitulata*（Lour.）O. Kuntze	007452、8957
1052	水玉簪科	323	水玉簪属	头花水玉簪	*Burmannia championii* Thwaites	
1053	水玉簪科	323	水玉簪属	三品一枝花	*Burmannia coelestis* D. Don	09680
1054	水玉簪科	323	水玉簪属	纤草	*Burmannia itoana* Makino	
1055	兰科	326	开唇兰属	金线兰	*Anoectochilus roxburghii*（Wall.）Lindl.	
1056	兰科	326	无叶兰属	单唇无叶兰	*Aphyllorchis simplex* Tang & F. T. Wang	007400
1057	兰科	326	竹叶兰属	竹叶兰	*Arundina graminifolia*（D. Don）Hochr.	007447、09681
1058	兰科	326	石豆兰属	广东石豆兰	*Bulbophyllum kwangtungense* Schltr.	09671

（续）

编号	科名	科号	属名	中文名	拉丁学名	采集号
1059	兰科	326	虾脊兰属	棒距虾脊兰	*Calanthe clavata* Lindl.	8797
1060	兰科	326	虾脊兰属	钩距虾脊兰	*Calanthe graciliflora* Hayata	007519
1061	栏科	326	含笑属	黄兰	*Michelia champaca* L.	
1062	兰科	326	贝母兰属	流苏贝母兰	*Coelogyne fimbriata* Lindl.	
1063	兰科	326	兰属	多花兰	*Cymbidium floribundum* Lindl.	8863
1064	兰科	326	石斛属	美花石斛	*Dendrobium loddigesii* Rolfe	
1065	兰科	326	蛤兰属	蛤兰	*Conchidium pusillum* Griff.	
1066	兰科	326	斑叶兰属	高斑叶兰	*Goodyera procera*（Ker Gawl.）Hook.	09877、8905
1067	兰科	326	玉凤花属	细裂玉凤兰	*Habenaria leptoloba* Benth.	10092
1068	兰科	326	玉凤花属	橙黄玉凤花	*Habenaria rhodocheila* Hance	10095
1069	兰科	326	盂兰属	全唇盂兰	*Lecanorchis nigricans* Honda	
1070	兰科	326	羊耳蒜属	褐花羊耳蒜	*Liparis brunnea* Ormerod	
1071	兰科	326	羊耳蒜属	广东羊耳蒜	*Liparis kwangtungensis* Schltr.	007560、007561
1072	兰科	326	羊耳蒜属	见血青	*Liparis nervosa*（Thunb. ex A. Murray）Lindl.	09849、10093、10182
1073	兰科	326	羊耳蒜属	紫花羊耳蒜	*Liparis* gigantea C. L. Tso	007562
1074	兰科	326	沼兰属	浅裂沼兰	*Crepidium acuminatum*（D. Don）Szlach.	007563
1075	兰科	326	小沼兰属	小沼兰	*Oberonioides pusillus*（Rolfe）Marg. & Szlach.	
1076	兰科	326	鹤顶兰属	黄花鹤顶兰	*Phaius flavus*（Blume）Lindl.	WZH0136
1077	兰科	326	石仙桃属	石仙桃	*Pholidota chinensis* Lindl.	007352、CHD0073
1078	兰科	326	舌唇兰属	小舌唇兰	*Platanthera minor*（Miq.）Rchb. f.	
1079	兰科	326	独蒜兰属	独蒜兰	*Pleione bulbocodioides*（Franch.）Rolfe	007556
1080	兰科	326	独蒜兰属	台湾独蒜兰	*Pleione formosana* Hayata	
1081	兰科	326	苞舌兰属	苞舌兰	*Spathoglottis pubescens* Lindl.	
1082	兰科	326	绶草属	绶草	*Spiranthes sinensis*（Pers.）Ames	
1083	兰科	326	带唇兰属	带唇兰	*Tainia dunnii* Rolfe	007551、8906
1084	灯心草科	327	灯心草属	笄石菖	*Juncus prismatocarpus* R. Br.	007579
1085	灯心草科	327	灯心草属	圆柱叶灯心草	*Juncus prismatocarpus* subsp. *teretifolius* K. F. Wu	CHD0080
1086	莎草科	331	薹草属	广东薹草	*Carex adrienii* E. G. Camus	CHD0049
1087	莎草科	331	薹草属	十字薹草	*Carex cruciata* Wahlenb.	CHD0021、09578
1088	莎草科	331	薹草属	狭穗薹草	*Carex ischnostachya* steud.	
1089	莎草科	331	薹草属	条穗薹草	*Carex nemostachys* Steud.	007243

（续）

编号	科名	科号	属名	中文名	拉丁学名	采集号
1090	莎草科	331	薹草属	镜子薹草	*Carex phacota* Spreng.	
1091	莎草科	331	薹草属	密苞叶薹草	*Carex phyllocephala* T. Koyama	007542、09866
1092	莎草科	331	薹草属	根花薹草	*Carex radiciflora* Dunn	
1093	莎草科	331	薹草属	花葶薹草	*Carex scaposa* C. B. Clarke	
1094	莎草科	331	薹草属	三念薹草	*Carex tsiangii* F. T. Wang & Tang	09550
1095	莎草科	331	莎草属	扁穗莎草	*Cyperus compressus* L.	
1096	莎草科	331	莎草属	异型莎草	*Cyperus difformis* L.	CHD0236
1097	莎草科	331	莎草属	移穗莎草	*Cyperus eleusinoides* Kunth	CHD0227
1098	莎草科	331	莎草属	碎米莎草	*Cyperus iria* L.	CHD0270
1099	莎草科	331	莎草属	香附子	*Cyperus rotundus* L.	
1100	莎草科	331	裂颖茅属	裂颖茅	*Diplacrum caricinum* R. Br.	09872
1101	莎草科	331	飘拂草属	两歧飘拂草	*Fimbristylis dichotoma*（L.）Vahl	8924
1102	莎草科	331	飘拂草属	五棱秆飘拂草	*Fimbristylis quinquangularis*（Vahl）Kunth	
1103	莎草科	331	黑莎草属	散穗黑莎草	*Gahnia baniensis* Benl	007096、8891
1104	莎草科	331	黑莎草属	黑莎草	*Gahnia tristis* Nees	WZH0061
1105	莎草科	331	割鸡芒属	割鸡芒	*Hypolytrum nemorum*（Vahl）Spreng	
1106	莎草科	331	水蜈蚣属	短叶水蜈蚣	*Kyllinga brevifolia* Rottb.	CHD0226
1107	莎草科	331	水蜈蚣属	单穗水蜈蚣	*Kyllinga nemoralis*（J. R. Forster & G. Forster）Dandy ex Hutch. & Dalziel	
1108	莎草科	331	鳞籽莎属	鳞籽莎	*Lepidosperma chinense* Nees & Meyen ex Kunth	
1109	莎草科	331	莎草属	砖子苗	*Cyperus cyperoides*（L.）Kuntze	10076、CHD0276
1110	莎草科	331	刺子莞属	刺子莞	*Rhynchospora rubra*（Lour.）Makino	
1111	莎草科	331	藨草属	百球藨草	*Scirpus rosthornii* Diels	8886
1112	莎草科	331	藨草属	百穗藨草	*Scirpus ternatanus* Reinw. ex Miq.	CHD0074
1113	莎草科	331	蔺藨草属	玉山针蔺	*Trichophorum subcapitatum*（Thwaites & Hook.）D. A. Simpson	007540
1114	莎草科	331	珍珠茅属	高秆珍珠茅	*Scleria terrestris*（L.）Fass.	09830
1115	竹亚科	332A	簕竹属	＊粉箪竹	*Bambusa chungii* McClure	
1116	竹亚科	332A	簕竹属	＊青皮竹	*Bambusa textilis* McClure	
1117	竹亚科	332A	大节竹属	算盘珠	*Indosasa glabrata* C. D. Chu & C. S. Chao	
1118	竹亚科	332A	大节竹属	摆竹	*Indosasa shibataeoides* McClure	

（续）

编号	科名	科号	属名	中文名	拉丁学名	采集号
1119	竹亚科	332A	少穗竹属	糙花少穗竹	*Oligostachyum scabriflorum*（McClure）Z. P. Wang & G. H. Ye	
1120	竹亚科	332A	刚竹属	毛竹	*Phyllostachys edulis*（Carrière）J. Houz.	
1121	竹亚科	332A	刚竹属	篌竹	*Phyllostachys nidularia* Munro	
1122	竹亚科	332A	矢竹属	托竹	*Pseudosasa cantorii*（Munro）Keng f. ex S. L. Chen et al.	
1123	竹亚科	332A	篦簩竹属	苗竹仔	*Schizostachyum dumetorum*（Hance ex Walp.）Munro	
1124	竹亚科	332A	华赤竹属	华赤竹	*Sinosasa longiligulata*（McClure）N. H. Xia	
1125	禾亚科	332B	看麦娘属	日本看麦娘	*Alopecurus japonicus* Steud.	
1126	禾亚科	332B	水蔗草属	水蔗草	*Apluda mutica* L.	
1127	禾亚科	332B	荩草属	荩草	*Arthraxon hispidus*（Thunb.）Makino	
1128	禾亚科	332B	野古草属	石芒草	*Arundinella nepalensis* Trin.	
1129	禾亚科	332B	野古草属	刺芒野古草	*Arundinella setosa* Trin.	
1130	禾亚科	332B	芦竹属	芦竹	*Arundo donax* L.	
1131	禾亚科	332B	地毯草属	地毯草	*Axonopus compressus*（Sw.）P. Beauv.	
1132	禾亚科	332B	孔颖草属	白羊草	*Bothriochloa ischaemum*（L.）Keng	007152
1133	禾亚科	332B	细柄草属	细柄草	*Capillipedium parviflorum*（R. Br.）Stapf	007050、007058、007075、CHD0027
1134	禾亚科	332B	酸模芒属	酸模芒	*Centotheca lappacea*（L.）Desv.	09831
1135	禾亚科	332B	金须茅属	竹节草	*Chrysopogon aciculatus*（Retz.）Trin.	
1136	禾亚科	332B	薏苡属	薏苡	*Coix lacryma-jobi* L.	10137、CHD0017
1137	禾亚科	332B	马唐属	马唐	*Digitaria sanguinalis*（L.）Scop.	10006
1138	禾亚科	332B	稗属	稗	*Echinochloa crusgalli*（L.）P. Beauv.	CHD0002、CHD0241
1139	禾亚科	332B	稗属	短芒稗	*Echinochloa crusgalli* var. *breviseta*（Döll）Podp.	CHD0228
1140	禾亚科	332B	穇属	牛筋草	*Eleusine indica*（L.）Gaertn.	
1141	禾亚科	332B	画眉草属	鼠妇草	*Eragrostis atrovirens*（Desf.）Trin. ex Steud.	10038
1142	禾亚科	332B	画眉草属	大画眉草	*Eragrostis cilianensis*（All.）Vignolo-Lutati ex Janch.	007124、007457、10096、007077
1143	禾亚科	332B	画眉草属	乱草	*Eragrostis japonica*（Thunb.）Trin.	
1144	禾亚科	332B	画眉草属	牛虱草	*Eragrostis unioloides*（Retz.）Nees. ex Steud.	
1145	禾亚科	332B	蜈蚣草属	假俭草	*Eremochloa ophiuroides*（Munro）Hack.	
1146	禾亚科	332B	鹧鸪草属	鹧鸪草	*Eriachne pallescens* R. Br.	
1147	禾亚科	332B	白茅属	白茅	*Imperata cylindrica*（L.）P. Beauv.	

（续）

编号	科名	科号	属名	中文名	拉丁学名	采集号
1148	禾亚科	332B	鸭嘴草属	细毛鸭嘴草	*Ischaemum Ciliare* Retz.	
1149	禾亚科	332B	距花黍属	大距花黍	*Ichnanthus pallens* var. major（Nees）Stieber	09729
1150	禾亚科	332B	假稻属	李氏禾	*Leersia hexandra* Swartz	
1151	禾亚科	332B	淡竹叶属	淡竹叶	*Lophatherum gracile* Brongn.	
1152	禾亚科	332B	莠竹属	蔓生莠竹	*Microstegium fasciculatum*（L.）Henrard	
1153	禾亚科	332B	芒属	五节芒	*Miscanthus floridulus*（Labill.）Warb. ex K. Schum. & Lauterb.	
1154	禾亚科	332B	芒属	芒	*Miscanthus sinensis* Andersson	
1155	禾亚科	332B	类芦属	类芦	*Neyraudia reynaudiana*（Kunth）Keng ex Hitchc.	
1156	禾亚科	332B	求米草属	竹叶草	*Oplismenus compositus*（L.）P. Beauv.	
1157	禾亚科	332B	水稻属	＊稻	*Oryza sativa* L.	
1158	禾亚科	332B	黍属	糠稷	*Panicum bisulcatum* Thunb.	
1159	禾亚科	332B	黍属	心叶稷	*Panicum notatum* Retz.	007234、09973
1160	禾亚科	332B	黍属	铺地黍	*Panicum repens* L.	
1161	禾亚科	332B	雀稗属	两耳草	*Paspalum conjugatum* Berg.	CHD0192
1162	禾亚科	332B	雀稗属	丝毛雀稗	*Paspalum urvillei* Steud.	8827、CHD0262
1163	禾亚科	332B	棒头草属	棒头草	*Polypogon fugax* Nees ex Steud.	
1164	禾亚科	332B	甘蔗属	斑茅	*Saccharum arundinaceum* Retz.	
1165	禾亚科	332B	囊颖草属	囊颖草	*Sacciolepis indica*（L.）Chase	CHD0191
1166	禾亚科	332B	狗尾草属	棕叶狗尾草	*Setaria palmifolia*（J. Koenig）Stapf	
1167	禾亚科	332B	狗尾草属	皱叶狗尾草	*Setaria plicata*（Lam.）T. Cooke	007099、8955
1168	禾亚科	332B	狗尾草属	狗尾草	*Setaria viridis*（L.）P. Beauv	CHD0199
1169	禾亚科	332B	稗荩属	稗荩	*Sphaerocaryum malaccense*（Trin.）Pilger.	
1170	禾亚科	332B	鼠尾粟属	鼠尾粟	*Sporobolus fertilis*（Steud.）Clayton	
1171	禾亚科	332B	菅属	菅	*Themeda villosa*（Poir.）A. Camus	
1172	禾亚科	332B	粽叶芦属	粽叶芦	*Thysanolaena latifolia*（Roxb. ex Hornem.）Honda	09878
1173	禾亚科	332B	结缕草属	＊沟叶结缕草	*Zoysia matrella*（L.）Merr.	

注：＊为栽培植物。

第三节 植物物种多样性组成

一、野生植物的数量特征

根据本次野外实地调查、标本采集与鉴定结果，并参考前人的考察资料，统计出陈禾洞省级自然保护区内，共有维管束植物193科627属1173种(包括种下等级)，包含主要栽培植物34种。保护区野生维管束植物共有193科602属1139种，其中，蕨类植物36科66属119种，裸子植物7科8属9种，被子植物150科528属1011种(双子叶植物130科417属838种，单子叶植物20科111属173种)。陈禾洞自然保护区野生维管植物所含的科、属、种数占广东省相应类群的比例见表2.2。

表2.2 陈禾洞省级自然保护区野生维管植物的组成统计

类群		陈禾洞保护区	广东省[①]	占比(%)
蕨类植物	科	36	58	62.07
	属	66	143	46.15
	种	119	572	20.8
裸子植物	科	7	8	87.5
	属	8	33	24.25
	种	9	59	15.25
被子植物	科	150	228	65.79
	属	528	1876	28.15
	种	1011	6215	16.27

注：①数据来源：《广东维管植物多样性编目》(王瑞江，2017)，有改动。

二、野生种子植物区系组成分析

1. 科的组成特点

陈禾洞省级自然保护区野生种子植物共157科536属1020种。其中，含40种以上的科有3个，即菊科(53种)、禾亚科(48种)、茜草科(47种)，共有148种，占野生种子植物总种数的14.51%；含20~39种的科有11个，如樟科(38种)、蝶形花科(35种)、壳斗科(30种)、莎草科(29种)、兰科(29种)、蔷薇科(28种)、山茶科(28种)、大戟科(23种)、桑科(22种)、紫金牛科(20种)、唇形科(20种)等，共有302种，占野生种子植物总种数的29.61%；含10~19种的科有12个，如玄参科(19种)、马鞭草科(18种)、荨麻科(16种)、冬青科(15种)、爵床科(13种)、芸香科(12种)、姜科(12种)、蓼科(11种)、杜鹃花科(11种)、忍冬科(11种)、毛茛科(10种)、苏木科(10种)等，共有158种，占野生种子植物总种数的15.49%；只含1种的科有43个，如三尖杉科、堇菜科、八角科等，仅占全部种子植物总种数的4.22%；其余为含2~9种的科，有88个科。本区域种数在10种以下的科有131科，约占总科数的67.88%，但其所包含的种属数比例并不是最大的，反而种数在10种以上的科比例不到总科数的1/5，但是却包含了大半的种属数，可见保护区内有着较为明显的优势科特征。

2. 属的组成特点

陈禾洞省级自然保护区野生种子植物有536属，没有含20种及其以上的属；含10~19种的属有7个，如榕属(15种)、冬青属(15种)、柃木属(13种)、悬钩子属(12种)、锥属(12种)、耳草属(11种)、紫金牛属(10种)等，共有88种，占野生种子植物总种数的8.62%；含5~9种的属有32个，如青冈属(9种)、苔草属(9种)、木姜子属(8种)、润楠属(8种)、紫珠属(8种)、蓼属(8种)、柯属(8种)、杜鹃花属(8种)、山姜属(8种)、樟属(7种)、山矾属(7种)、菝葜属(7种)等，共有210种，占野生种子植物总种数的20.59%；含2~4种的属有181个，如南五味子属、山胡椒属、野木瓜属及胡椒属等，共有447种，占野生种子植物总种数的43.82%；只含1种的属最多，有394个，如杉木属、观光木属及假鹰爪属等，共有394个种，占野生种子植物总种数的38.63%。本区域约有91.7%的属所含种数在4种及其以下，这些属所包含的种数占区域总种数的71.70%，因而表明本区域内种子植物属种的成分较为复杂多样。

三、种子植物区系地理成分分析

1. 科的地理成分分析

参考吴征镒(2003)和李锡文(1996)对中国种子植物科的分布区类型的统计，本文将陈禾洞省级自然保护区种子植物区系的地理分布类型分为8个分布区类型及5个变型，如表2.3所示。在此基础上，根据高一丁(2010)的方法，将陈禾洞自然保护区种子植物区系的分布划为5大类型。

①世界广布(类型1)　陈禾洞自然保护区种子植物区系中世界广布类型的科有51个，包括多数世界性大科和较大科，如禾本科、莎草科、菊科及蔷薇科等，大部分为草本植物。这些科分别起源于不同的大陆板块，在世界各地形成了多个分布中心，是种子植物演化的主干。

②泛热带分布(类型2及其变型)　本区域属于此分布类型的有67科，占除

世界广布类型总科数的63.21%，主要包括了茜草科、樟科、桑科及壳斗科等，这些科在地带性森林植被中占有较大的优势。而此分布类型所包含的檀香科、爵床科等则在陈禾洞森林群落林下草本层占有较大优势。本分布区类型的变型2-1包括了罗汉松科、桃金娘科、半边莲科；2-2变型则包括了买麻藤科、马兜铃科及商陆科。在本区域的5大分布类型中，此类型所占比例最高，显示出本区域植物区系有着较高的热带性质。

③热带及热带-亚热带分布(类型3~7及其变型)　属于此分布类型的科在此区域共有13科，占除世界广布类型的总科数的12.25%，主要包括了木通科、安息香科、八角枫科及清风藤科等。其中，清风藤科的多数种在林下灌层占有较大的优势，八角枫、虎皮楠、赤杨叶等在群落中较为常见。

④温带、亚热带-温带分布(类型8~14及其变型)　此类型在本区域所包含的科共有26个，占除世界广布类型的总科数的24.54%，在所有类型的占比中排第二位，主要包括了伞形科、小檗科及忍冬科等。其中，伞形科植物在区域内较为常见。

⑤中国特有(类型15)　本区域没有。

综上，通过对陈禾洞自然保护区种子植物区系的地理成分分析可知，在科一级水平上，陈禾洞保护区植物区系以泛热带成分为主，共有67科，占除世界广布类型的总科数的63.21%，其次为温带、亚热带-温带分布类型，占比为24.54%，而热带及热带-亚热带分布类型也占有一定比例，这表明陈禾洞自然保护区植物区系受到了一定程度温带成分的影响，但从整体上来看，陈禾洞保护区植物区系具有较高的热带属性，属于较为典型的南亚热带植物区系。

表2.3　陈禾洞保护区种子植物区系科属的分布区类型及变型统计

分布区类型	科数(属数)	占总科(属)数(%)
1. 世界广布	51(39)	不计
2. 泛热带分布	61(130)	57.55(26.16)
2-1 热带亚洲、大洋洲和南美洲(墨西哥)间断分布	3(3)	2.83(0.6)
2-2 热带亚洲、大洋洲(至新西兰)和中、南美(或墨西哥)间断分布	3(5)	2.83(1.01)
3. 热带亚洲和热带美洲间断分布	4(17)	3.77(3.42)
4. 旧世界热带分布	4(35)	3.77(7.04)
4-1 热带亚洲、非洲(或东非、马达加斯加)、大洋洲间断分布	1(6)	0.94(1.21)
5. 热带亚洲至热带大洋洲分布	(43)	(8.65)
6. 热带亚洲至热带非洲	(21)	(4.23)
6-1 华南、西南到印度和热带非洲间断	(1)	(0.2)
6-2 热带亚洲和东非间断	(5)	(1.01)
7. 热带亚洲(印度-马来西亚)分布	3(69)	2.83(13.89)

（续）

分布区类型	科数(属数)	占总科(属)数(%)
7-1 爪哇、喜马拉雅和华南、西南星散	(9)	(1.81)
7-2 热带印度至华南	(7)	(1.41)
7-3 缅甸、泰国至华西南分布	1(4)	0.94(0.8)
7-4 越南(或中南半岛)至华南(或西南)	(10)	(2.01)
8. 北温带分布	8(32)	7.55(6.44)
8-4 北温带和南温带(全温带)间断分布	9(12)	8.5(2.41)
8-5 欧亚和南美温带间断分布	(1)	(0.2)
9. 东亚及北美间断分布	8(27)	7.55(5.43)
10. 旧世界温带	(12)	(2.41)
10-1 地中海区、西亚和东亚间断	(2)	(0.41)
10-3 欧亚和南非洲(有时也在大洋洲)间断	(1)	(0.2)
11. 温带亚洲分布	(4)	(0.8)
12-3 地中海区至温带、热带亚洲，大洋洲和南美洲间断	(1)	(0.2)
14. 东亚分布	1(25)	0.94(5.03)
14-1 中国-喜马拉雅(SH)	(3)	(0.6)
14-2 中国-日本(SJ)	(6)	(1.21)
15. 中国特有	(6)	(1.21)
合计	157(536)	100(100)

注：括号内数字表示属的情况，下同。

2. 属的地理成分分析

根据吴征镒等人(1991；2006；2011)对中国种子植物属的分布区类型划分原则，将本保护区种子植物的536个属划分为13个分布区类型及16个变型，如表2.3所示。

①世界广布　陈禾洞自然保护区种子植物区系中属于世界广布类型的有39个属，如悬钩子属、蓼属、铁线莲属及堇菜属等。其中，除悬钩子属、茄属等属外，其他大多为草本植物，在陈禾洞保护区主要分布在山坡、林缘、田边等地，常常作为先锋植物在这些生境出现。

②泛热带分布　此类型在本区域包括两个变型，属于此分布类型的有138属，占除世界广布类型的总属数的27.77%，主要包括了榕属、冬青属、紫珠属及紫金牛属等，其中属于2-1类型的有石胡荽属、菊芹属及黑莎草属，属于2-2类型的有土人参属、含羞草属、雾水葛属、天料木属及粗叶木属。

③热带亚洲和热带美洲间断分布　本区域属于此分布类型的属有17属，占除世界广布类型的总属数的3.42%，主要包括柃木属、木姜子属、泡花树属及萼距花属等，其中，柃木属、木姜子属、泡花树属在林下层占有一定优势。

④旧世界热带分布　此类型包括了1个变型，本区属于此分布类型的有41属，占除世界广布类型的总属数的8.25%，包括蒲桃属、酸藤子属、香茶菜属及

野桐属等，4-1 型则包括瓜馥木属、匙羹藤属、水蛇麻属、艾纳香属、茜树属及乌口树属。

⑤热带亚洲至热带大洋洲分布　本区属于此分布类型的有 43 属，占除世界广布类型总属数的 8.65%，包括樟属、野牡丹属及崖爬藤属等。

⑥热带亚洲至热带非洲分布　此类型包括 2 个变型，本区属于此分布类型的有 27 属，占除世界广布类型的总属数的 5.44%，包括藤槐属、鹰爪花属、水麻属及钝果寄生属。6-1 类型仅有山黄菊属，6-2 类型含马蓝属、杨桐属等。

⑦热带亚洲(印度-马来西亚)分布　此类型包括 4 个变型，本区属于此分布类型的有 99 属，占除世界广布类型的总属数的 19.92%，仅次于泛热带分布属，包括青冈属、润楠属及新木姜子属等，这些属的植物大多在群落中作为常见种或优势种。7-1 类型包括木荷属、桫罗树属及蕈树属等，7-2 类型包括排钱树属、大苞寄生属、幌伞枫属及独蒜兰属，7-3 类型包括来江藤属、金叶子属、八蕊花属及穗花杉属，7-4 类型包括秀柱花属、异药花属及竹根七属等。

⑧北温带分布　此类型包括 1 个变型，本区属于此分布类型的有 45 属，占除世界广布类型的总属数的 9.05%，包括蒿属、忍冬属及荚蒾属等。8-4 类型包括唐松草属、卷耳属、槭属、杨梅属等；8-5 类型只有一属，看麦娘属。

⑨东亚及北美间断分布　本区属于此分布类型的有 27 属，占除世界广布类型的总属数的 5.43%，包括锥属、柯属、石楠属及山蚂蝗属等。

⑩旧世界温带分布　此类型包括 2 个变型，本区属于此分布类型的有 15 属，占除世界广布类型的总属数的 3.02%，包括瑞香属、梨属、筋骨草属及重楼属等。10-1 类型包括女贞属、窃衣属，10-3 类型仅有当归属，除瑞香属、梨属及女贞属多为灌木外，其他属多为草本。

⑪温带亚洲分布　本区属于此分布类型的仅有马兰属、黄鹌菜属、败酱属及虎杖属，占除世界广布类型的总属数的 0.80%。

⑫地中海区至温带、热带亚洲，大洋洲和南美洲间断分布　此类型为地中海区、西亚至中亚分布的变型，仅有常春藤属，占除世界广布类型的总属数 0.20%。

⑬东亚分布　此类型包括 2 个变型，本区属于此分布类型的有 34 属，占除世界广布类型的总属数的 6.84%，其中 14-1 类型包括冠盖藤属、南酸枣属及双蝴蝶属，14-2 类型包括田麻属、华赤竹属、白丝草属、稻槎菜属、泡桐属及矢竹属，本类型包含的属多为灌木。

⑭中国特有　本区属于此分布类型的有 6 属，占除世界广布类型的总属数的 1.21%，包括穗花杉属、杉木属、伯乐树属、双片苣苔属及少穗竹属等，这些属在保护区内仅含 1 种植物，其中，伯乐树属于国家一级重点保护野生植物。

综上，陈禾洞省级自然保护区的 536 属种子植物区系在属级水平上成分较为复杂，除中亚分布类型外，其余分布区类型均在保护区占有一定比例。并且具热带成分的属共有365属，占除世界广布类型的总属数的73.45%，而温带成分的仅有126属，占除世界广布类型的总属数的25.34%，由此可见，陈禾洞省级自然保护区的地理成分热带属性较为明显，热带成分占很大优势，而温带成分对区域的植物区系影响较小。并且保护区内的中国特有属较少，仅为6属，表明本区域与中国东亚植物区系的关系较远。

四、蕨类植物科属特征及区系分析

1. 蕨类植物的科属特征

陈禾洞省级自然保护区的野生蕨类植物共有36科66属119种。其中，含有5种以上的科有6个，分别为鳞毛蕨科(16种)、金星蕨科(10种)、水龙骨科(10种)、蹄盖蕨科(9种)、凤尾蕨科(7种)、卷柏科(7种)，共有59种，约占蕨类植物总种数的49.58%；含有2~5种的科有18个，如乌毛蕨科(4种)、里白科(4种)、膜蕨科(3种)、桫椤科(3种)、碗蕨科(3种)、鳞始蕨科(3种)、铁角蕨科(3种)等，共有45种，约占总种数的37.82%；仅含1种的科有12个，如瓶尔小草科、观音座莲科等，约占蕨类植物总种数的10.34%。

含有5种及以上的属有3个，分别为鳞毛蕨属(9种)、凤尾蕨属(7种)、卷柏属(7种)，共23种，占蕨类植物总种数的19.33%；含2~4种的属有21个，如新月蕨属(4种)、复叶耳蕨属(4种)、星蕨属(4种)、桫椤属(3种)、双盖蕨属(3种)、铁角蕨属(3种)、贯众属(3种)等，共有52种，占蕨类植物总种数的43.70%；而仅含1种的属有41个，如石杉属、藤石松属、垂穗石松属等，共有41种，占蕨类植物总种数的34.45%。本区域约有95.45%的属所含种数在5种以下，这些属所包含的种数占区域总种数的80.67%，由此可见本区域的蕨类植物有着较为多样的属种成分。

2. 蕨类植物区系地理成分分析

(1)科的地理成分分析

参照中国蕨类植物分布类型系统(陆树刚，2007)并参考臧得奎(1998)以及严岳鸿(2004)的研究，将陈禾洞省级自然保护区的36科蕨类植物划分为5个分布区类型，如表2.4所示。

表2.4 陈禾洞保护区蕨类植物区系科属的分布区类型及变型统计

分布区类型	科数(属数)	占总科(属)数(%)
1. 世界广布	13(23)	不计
2. 泛热带分布	18(24)	78.26(55.81)
3. 旧大陆热带	(3)	(6.98)

（续）

分布区类型	科数(属数)	占总科(属)数(%)
4. 亚洲热带和美洲热带间断分布	2(2)	8.7(4.65)
5. 热带亚洲至热带大洋洲分布	1(2)	4.34(4.65)
7. 亚洲热带分布	2(9)	8.7(20.93)
8. 北温带分布	(2)	(4.65)
12-1 中国-喜马拉雅分布	(1)	(2.33)
合计	36(66)	100(100)

①世界广布　陈禾洞自然保护区蕨类植物区系中世界广布类型的科有13个，包括鳞毛蕨科、水龙骨科、铁角蕨科及蹄盖蕨科等，在陈禾洞保护区内种类较为丰富，且分布较广。

②泛热带分布　本区属于此分布类型的有18科，占除世界广布类型总科数的78.26%，是分布最多的类型，包括凤尾蕨科、金星蕨科、里白科及乌毛蕨科等，其中，凤尾蕨科、金星蕨科所含种类在区域内最为丰富，鳞始蕨科、膜蕨科是热带属性较强的科，从而表明本区域的热带性质。

③亚洲热带和美洲热带间断分布　本区属于此分布类型的近有2科，为瘤足蕨科和舌蕨科，占除世界广布类型总科数的8.7%；

④亚洲热带至大洋洲热带分布　本区属于此分布类型的仅有槲蕨科，占除世界广布类型总科数的4.34%；

⑤亚洲热带分布　本区属于此分布类型的仅有观音座莲科及骨碎补科，占除世界广布类型总科数的8.7%。

综上，陈禾洞自然保护区的蕨类植物地理成分较为复杂，其中，以热带成分为主，共23科，占所有蕨类科的63.89%，由此可知，陈禾洞保护区蕨类植物区系在科级水平上具有极高的热带属性。

(2)属的地理成分分析

将陈禾洞自然保护区内的66属蕨类植物划分为7个类型及1个变型，如表2.4所示。

①世界广布　陈禾洞自然保护区蕨类植物区系中世界广布类型的属有23属，包括鳞毛蕨属、铁角蕨属、卷柏属及蕨属等。

②泛热带分布　本区属于此分布类型的有24属，占除世界广布类型总属数的55.81%，在本区蕨类植物区系中起着非常重要的作用，主要包括了凤尾蕨属、瘤足蕨属、里白属及鳞始蕨属等。

③旧大陆热带　本区属于此分布类型的有3属，占除世界广布类型总属数的6.98%，包括观音座莲属、阴石蕨属及线蕨属。

④亚洲热带和美洲热带间断分布　本区属于此分布类型的有2属，占除世界

广布类型总属数的 4.65%，包括金毛狗属及双盖蕨属。

⑤热带亚洲至热带大洋洲分布　本区属于此分布类型的有 2 属，占除世界广布类型总属数的 4.65%，包括菜蕨属和槲蕨属。

⑥亚洲热带分布　本区属于此分布类型的有 9 属，占除世界广布类型总属数的 20.93%，仅次于泛热带分布，包括新月蕨属、苏铁蕨属及藤石松属等。

⑦北温带分布　本区属于此分布类型的有紫萁属，占除世界广布类型总属数的 4.65%。

⑧中国-喜马拉雅分布　本区属于此分布类型的仅有伏石蕨属，占除世界广布类型总属数的 2.33%。

由此可知，陈禾洞自然保护区蕨类植物区系在属级水平上以热带成分为主，共有 40 属，占所有蕨类植物属的 66.67%，而温带成分在区系中则影响较小，仅有 3 属，占 6.39%。

五、种子植物区系与邻近地区的比较分析

1. 与邻近地区植物区系丰富程度的比较分析

参考陈禾洞自然保护区临近地区如云开山自然保护区(高一丁，2010)、南昆山自然保护区(林媚珍等，1996；林媚珍，1997)、黑石顶自然保护区(杨宁，2005)、南岭自然保护区(陈锡沐等，1999)的植物区系组成，计算其植物区系综合指数及区系种系分化度，并与陈禾洞进行对比分析。

植物区系综合指数及种系分化度是评判植物区系丰富度采用最广的两种方法(吕霖等，2016)。植物区系综合指数数值越大，则表明该地区植物越丰富。对 5 个地区植物区系综合系数进行计算(表 2.5)，系数按从大到小排列依次为：南岭>南昆山>云开山>陈禾洞>黑石顶，陈禾洞的综合指数为-0.593，基本接近这 5 个地区的平均值，表明陈禾洞保护区的植物资源较为丰富。对 5 个地区的植物区系种系分化度进行计算(表 2.5)，其数值越大，表明该区系植物分化程度越高，5 个地区的种系分化度从大到小依次为：南岭>黑石顶>云开山>南昆山>陈禾洞，陈禾洞的种系分化度数值最小，表明陈禾洞保护区的植物分化程度较低。

表 2.5　陈禾洞保护区与邻近地区种子植物区系的比较分析

比较项	陈禾洞	云开山	南昆山	黑石顶	南岭
科	157	169	187	160	175
属	536	768	759	261	822
种	1020	1765	1827	1506	2292
综合指数	-0.593	0.261	0.389	-0.751	0.674
种系分化度	5.358	6.843	6.466	7.401	7.485

2. 与临近地区植物区系结构的比较分析

分别将陈禾洞、云开山、南昆山、黑石顶及南岭的种子植物区系在属一级水平上进行总结划分，参照修晨等人(2014)的方法，并进行改进，将所有的分布区类型归类为5个类型，即世界广布、热带分布(类型2~7及其变型)、温带分布(类型8~13及其变型)、东亚分布(类型14及其变型)及中国特有分布，并分别将每个地区每种分布类型所占所有属的比例进行比较(图2.1)。总体来看，5个保护区均在属级水平上以热带分布为主，其次是温带分布，并且中国特有分布类型均最低，这表明在相近纬度带区域的植物区系较为相似。对于不同保护区来说，陈禾洞自然保护区的热带分布占比最高，相比于其他相邻的保护区，其具有更高的热带属性。

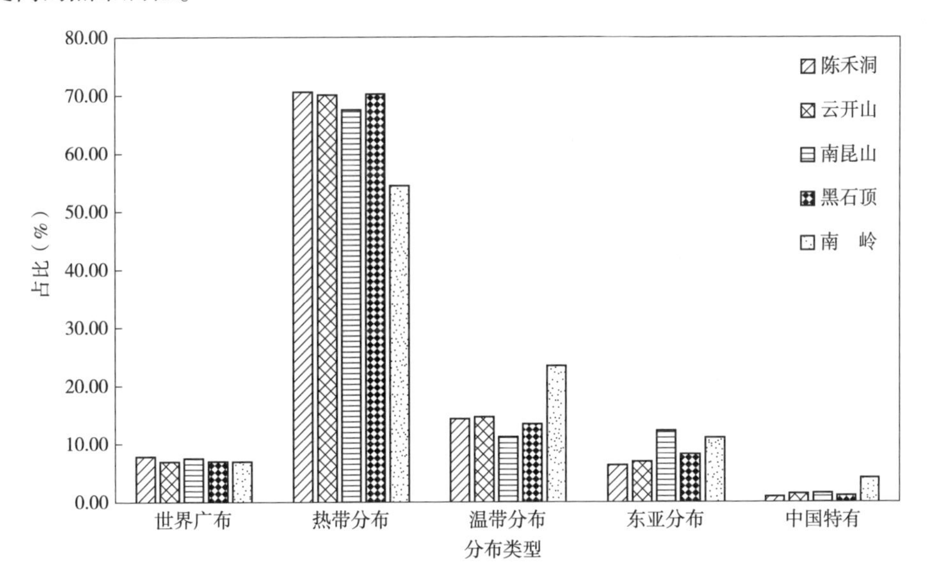

图2.1 5个地区种子植物区系对比

第四节 陈禾洞保护区珍稀植物和特有植物

一、珍稀濒危植物和特有植物的组成和分布

1. 国家珍稀濒危和保护植物

根据文献分析以及野外实地调查，广东陈禾洞省级自然保护区珍稀濒危和保护植物共31种(表2.6)，其中，粘木及厚叶木莲在区域内分布较多，厚叶木莲在保护区内上库核心区有几处分布较集中。

本区域国家重点保护野生植物共27种，都是国家二级重点保护野生植物，广东省重点保护野生植物4种(表2.6)。这些保护植物在本区域有较多分布，如黑桫椤、金毛狗及厚叶木莲。列入《IUCN红色名录》极危种(CR)1种，为穗花杉；濒危种(EN)1种，为短萼黄连；易危种(VU)9种；近危种4种。

表2.6 陈禾洞省级自然保护区国家珍稀濒危和保护植物一览表

序号	种名	国家保护级别	广东保护级别	IUCN红色名录
	蕨类植物			
1	蛇足石杉 *Huperzia serrata*	2		
2	华南马尾杉 *Phlegmariurus austrosinicus*	2		
3	福氏马尾杉 *Phlegmariurus fordii*	2		
4	福建莲座蕨 *Angiopteris fokiensis*	2		LC
5	金毛狗 *Cibotium barometz*	2		NT
6	黑桫椤 *Alsophila podophylla*	2		LC
7	桫椤 *Alsophila spinulosa*	2		LC
8	水蕨 *Ceratopteris thalictroides*	2		VU
9	苏铁蕨 *Brainea insignis*	2		VU
	裸子植物			
10	百日青 *Podocarpus neriifolius*	2		LC
11	穗花杉 *Amentotaxus argotaenia*	2	重点	CR
	被子植物			
12	厚叶木莲 *Manglietia pachyphylla*	2		VU
13	观光木 *Tsoongiodendron odorum*		重点	NT
14	短萼黄连 *Coptis chinensis* var. *brevisepala*	2	重点	EN
15	金耳环 *Asarum insigne*	2		
16	(野生)茶 *Camellia sinensis*	2		DD
17	条叶猕猴桃 *Actinidia fortunatii*	2		VU
18	粘木 *Ixonanthes chinensis*			VU
19	软荚红豆 *Ormosia semicastrata*	2		LC
20	木荚红豆 *Ormosia xylocarpa*	2		LC
21	吊皮锥 *Castanopsis kawakamii*			NT
22	白桂木 *Artocarpus hypargyreus*			VU
23	红椿 *Toona ciliata*	2		VU
24	伯乐树 *Bretschneidera sinensis*	2		NT
25	巴戟天 *Morinda officinalis*	2	重点	
26	华重楼 *Paris polyphylla var. chinensis*	2		VU
27	金线兰 *Anoectochilus roxburghii*	2		
28	多花兰 *Cymbidium floribundum*	2		
29	美花石斛 *Dendrobium loddigesii*	2		
30	独蒜兰 *Pleione bulbocodioides*	2		
31	台湾独蒜兰 *Pleione formosana*	2		VU

2.《濒危野生动植物种国际贸易公约》附录物种

陈禾洞自然保护区共有35种植物属于《濒危野生动植物种国际贸易公约》(CITES)附录Ⅱ物种(表2.7)，包括兰科植物29种，蕨类植物4种，黄檀属植物2种。

表2.7　广东陈禾洞省级自然保护区《濒危野生动植物种国际贸易公约》附录物种一览表

序号	种名	学名	附录
1	金线兰	*Anoectochilus roxburghii*	Ⅱ
2	单唇无叶兰	*Aphyllorchis simplex*	Ⅱ
3	竹叶兰	*Arundina graminifolia*	Ⅱ
4	广东石豆兰	*Bulbophyllum kwangtungense*	Ⅱ
5	棒距虾脊兰	*Calanthe clavata*	Ⅱ
6	钩距虾脊兰	*Calanthe graciliflora*	Ⅱ
7	黄兰	*Cephalantheropsis obcordata*	Ⅱ
8	流苏贝母兰	*Coelogyne fimbriata*	Ⅱ
9	多花兰	*Cymbidium floribundum*	Ⅱ
10	美花石斛	*Dendrobium loddigesii*	Ⅱ
11	蛤兰	*Conchidium pusillum*	Ⅱ
12	高斑叶兰	*Goodyera procera .*	Ⅱ
13	细裂玉凤兰	*Habenaria leptoloba*	Ⅱ
14	橙黄玉凤花	*Habenaria rhodocheila*	Ⅱ
15	全唇盂兰	*Lecanorchis nigricans*	Ⅱ
16	褐花羊耳蒜	*Liparis brunnea*	Ⅱ
17	广东羊耳蒜	*Liparis kwangtungensis*	Ⅱ
18	见血青	*Liparis nervosa*	Ⅱ
19	紫花羊耳蒜	*Liparis nigra*	Ⅱ
20	浅裂沼兰	*Crepidium acuminatum*	Ⅱ
21	小沼兰	*Oberonioides pusillus*	Ⅱ
22	黄花鹤顶兰	*Phaius flavus*	Ⅱ
23	石仙桃	*Pholidota chinensis*	Ⅱ
24	小舌唇兰	*Platanthera minor*	Ⅱ
25	独蒜兰	*Pleionebulbocodioides*	Ⅱ
26	台湾独蒜兰	*Pleione formosana*	Ⅱ
27	苞舌兰	*Spathoglottis pubescens*	Ⅱ

（续）

序号	种名	学名	附录
28	绶草	*Spiranthes sinensis*	Ⅱ
29	带唇兰	*Tainia dunnii*	Ⅱ
30	黑桫椤	*Alsophila podophylla*	Ⅱ
31	桫椤	*Alsophila spinulosa*	Ⅱ
32	粗齿桫椤	*Alsophila denticulata*	Ⅱ
33	金毛狗	*Cibotium barometz*	Ⅱ
34	藤黄檀	*Dalbergia hancei*	Ⅱ
35	香港黄檀	*Dalbergia millettii*	Ⅱ

3. 特有植物分析

经野外调查及标本查证，陈禾洞自然保护区有广东特有植物 9 种，分别为红辣槁树、三脉野木瓜、厚叶木莲、从化柃、从化山姜、假轮叶虎皮楠、广东石豆兰、乐昌虾脊兰及褐花羊耳蒜。其中，厚叶木莲、红辣槁树、从化山姜、从化柃、褐花羊耳蒜仅分布在本区及邻近区域，属极小种群。

本区还是 10 种植物的模式标本产地，分别是厚叶木莲(1961)、红辣槁树(1934)、广东毛蕊茶(1922)、假轮叶虎皮楠(1934)、小叶红淡比(1937)、从化柃(1939)、红褐柃(1954)、多籽乌口树(1984)、从化山姜(2000)、褐花羊耳蒜(2007)。

值得特别指出的是，本次调查期间正碰上一种小灌状竹子在开花，原认为是赤竹(*Sasa longiligulata* McClure)，调查队采到标本后，经华南植物园竹子分类专家鉴定，认为与原定的赤竹属(*Sasa* Makino et Shibata)存在较大差异，通过分子技术进一步研究分析，认为分布于中国的赤竹属植物更多的应该为华赤竹属(*Sinosasa* L. C. Chia ex N. H. Xia, Q. M. Qin & Y. H. Tong)植物，属的模式种即为采自本保护区等地的华赤竹(*Sinosasa longiligulata* (McClure) N. H. Xia, Q. M. Qin & J. B. Ni)。

二、面临的主要威胁与对策

1. 珍稀濒危和保护植物的生存状况

根据野外调查结果，陈禾洞自然保护区内国家一级重点保护野生植物伯乐树在保护区内分布较少，仅在桂峰山有少量分布；国家二级重点保护野生植物厚叶木莲在保护区核心区上水库范围内较常见，是该极小种群 3 个分布点之中数量较多的一个种群，其他 2 个种群分别为新丰的云髻山和龙门的南昆山，与本区相邻；黑桫椤在山沟溪边也较为常见，并形成较为稳定的群落；金毛狗则在保护区分布较广，且群落较为稳定。珍稀濒危植物粘木及白桂木常几株聚集状分布于阔叶林中，但很少成为群落的优势种，但在保护区的外围鱼洞村有棵胸径达 1.2cm 的白桂木大树，这在广东是较少见的。

陈禾洞保护区内 CITES 附录Ⅱ物种多为兰科植物，黑桫椤、桫椤、粗齿桫椤及金毛狗等 4 种，在保护区内较为常见；竹叶兰在保护区内阴湿石壁上较为常见；褐花羊耳蒜仅在一处石壁上有集群分布，应当在今后的研究工作中加以重点保护及监测。

2. 珍稀濒危和保护植物的保护对策

(1)增强保护意识

保护区的相关管理部门在认真贯彻及执行国家关于自然保护的方针政策和法律法规的基础上，应加大宣传力度，利用多种宣传形式对珍稀濒危和保护植物的重要性及其面临的严峻形势进行宣传教育，特别是利用科普宣教馆及生态科普径等场所与社区中小学合作开展自然、生态和生物多样性保护等方面的教育，从小培养小朋友热爱自然、保护自然的自觉性。同时，保护区也应当制定珍稀濒危物种及其生境保护的相关管理制度和规定，加强管理，提高工作人员和入区人员的科学素养及保护意识。

(2)加强就地保护

对区内的珍稀濒危植物和国家级、省级重点保护植物，应逐种建立档案，对区内的极小种群特有植物还应逐个建立档案，定期监测。对这些植物所处的生境也应加强保护，防止生境破碎化，适时地对珍稀物种的生境进行人工调节干预，促进珍稀濒危植物的自然繁衍和更新，使其种群数不断壮大。区内的从化生姜、褐花羊耳蒜等都属极小种群，巴戟天、短萼黄连、兰花等易受药农或花农采挖破坏，对这些种类宜特别关注，建立定期监测制度，加强监管。

(3)适当迁地保护，建立种质圃

区内厚叶木莲是广东省特有极小种群植物，也是国家二级重点保护野生植物，仅在广东的陈禾洞、云髻山和南昆山有少量分布。该物种叶厚、花大而香，具有极高的园林观赏价值，但仅分布于海拔 700m 以上的山地，自我繁殖困难，野外小苗少见，可通过适当的无性繁殖技术扩大种群数量，并适时开展回归实验，扩大野外种群。同时，也可通过嫁接等技术将其引种到低海拔市区种植，开展资源可持续利用研究，从而更有效地保护野生种群。

(4)加强监管

坚决杜绝各种盗挖、破坏珍稀濒危和保护植物及其生境地的行为，尤其对区域内的生态旅游及登山户外活动进行规范。

第五节　外来入侵植物及其防控措施

外来入侵植物(alien invasive plants，AIPs)是指从其原生地，通过自然的或人为的途径侵入到另一个新环境，并能在其中建立自然种群，对入侵地的生物多样性、生态系统稳定性及农林牧渔业生存等构成一定威胁的外来植物。外来入侵植物对各种环境因子的适应幅度较广，能够占据本土物种所不能利用的生态位，同时对环境有着较强的忍耐力，并且适应、繁殖及传播能力均较强，能在很短的时间内占据较大的生存空间。

外来物种的传入途径主要包括：一是作为农林牧渔生产、生态环境改造与恢复、景观美化、观赏等目的的物种而引入(有意引入)；二是随着贸易、运输、旅游等活动而传入(无意引入)；三是靠自身的扩散传播力或借助于自然力量而传入(自然扩散)。

外来种入侵已成为一个世界性的生态和经济问题，其对生态环境的破坏已经成为生物多样性丧失的主要原因之一。保护生物多样性最有效的方法之一是最大限度地保持生态系统中的当地物种，而建立自然保护区和加强保护区管理是保护生物多样性及其生态功能的最好方法，通过长期维持自然栖息地的自我维持的种群，就可能以更少的花费来有效地阻止物种的灭绝。了解现行保护状态下保护区外来入侵植物入侵的程度，处于保护状态下的自然保护区内外来入侵植物的种群动态以及保护区内各生态系统或群落对外来入侵植物入侵的反应，均是制订保护方案和策略时必须考虑的重要问题，因此积极开展外来入侵植物对自然保护区入侵及影响研究，对生物多样性保护、保护生物学理论研究以及自然保护区管理实践均有着重要意义。

入侵种与归化种是两个不同的概念，入侵种是指对本地的生态系统和生物多样性造成危害的外来物种；而归化种是指在本地能完成生活史，但不一定会对本地生态系统和生物多样性造成危害的外来物种。

近年来，国内很多学者对不同省份的保护区内外来入侵植物开展了调查研究，对保护区内外来种的入侵情况有了详细的了解，并提出了一定的应对策略。笔者对广东陈禾洞自然保护区的入侵植物种类进行了野外实地调查，并对入侵现状、原因及威胁程度进行了分析，并提出了具体的防治对策与建议，为陈禾洞自然保护区生物多样性保护、生态景观的自然性和完整性及外来入侵植物的科学管理与防控提供数据支撑，同时也为保护区的植物资源管理、发展和可持续利用研究提供科学指导。

一、外来入侵植物种类组成及入侵现状

根据对陈禾洞自然保护区历时 2 年的采集和调查，在参考相关文献及标本的基础上，参考国家环境保护部发布的 4 批入侵物种名单和相关研究文献，初步确定了陈禾洞自然保护区现有入侵和归化植物 50 种，隶属于 19 科 42 属(表 2.8)。在这些外来入侵植物中，主要为菊科、苋科及禾本科植物，占陈禾洞自然保护区外来入侵植物的 50.0%，其中，菊科有 16 种，禾本科 5 种，苋科 4 种。另外 25 种入侵植物中，旋花科、大戟科各有 3 种，锦葵科、含羞草科、蝶形花科、茜草科和茄科各有 2 种，其他科各为 1 种。从种的数量和危害程度上看，菊科入侵植物占明显的优势地位。蒋奥林等人(2017)统计广州共有菊科入侵植物 32 种，在本保护区已发现 16 种，特别是鬼针草、南美蟛蜞菊、钻形紫菀、假臭草及微甘菊已在区域内较为常见，对保护区的生物多样性已经构成了威胁。

表 2.8 陈禾洞省级自然保护区外来入侵与归化种统计表

科名	属名	中文名	拉丁学名	类别	原产地	传入途径	生活型
胡椒科	草胡椒属	草胡椒	*Peperomia pellucida*	归化	热带美洲	无意引入	陆生草本
马齿苋科	土人参属	土人参	*Talinum paniculatum*	归化	热带美洲	有意引入	陆生草本
商陆科	商陆属	垂序商陆	*Phytolacca americana*	入侵	北美洲	有意引入	陆生草本
藜科	藜属	土荆芥	*Dysphania ambrosioides*	入侵	热带美洲	无意引入	陆生草本
苋科	莲子草属	喜旱莲子草	*Alternanthera philoxeroides*	入侵	南美洲	有意引入	两栖草本
苋科	苋属	刺苋	*Amaranthus spinosus*	入侵	热带美洲	无意引入	陆生草本
苋科	苋属	皱果苋	*Amaranthus viridis*	归化	热带非洲	无意引入	陆生草本
苋科	青葙属	青葙	*Celosia argentea*	归化	世界广布	无意引入	陆生草本
落葵科	落葵属	落葵	*Basella alba*	入侵	亚洲热带	有意引入	陆生草本
酢浆草科	酢浆草属	红花酢浆草	*Oxalis corymbosa*	入侵	南美热带	有意引入	陆生草本
千屈菜科	萼距花属	香膏萼距花	*Cuphea balsamona*	归化	南美洲	无意引入	陆生草本
柳叶菜科	丁香蓼属	毛草龙	*Ludwigia octovalvis*	归化	热带美洲	无意引入	陆生草本
紫茉莉科	紫茉莉属	紫茉莉	*Mirabilis jalapa*	归化	热带美洲	有意引入	陆生草本
锦葵科	赛葵属	赛葵	*Malvastrum coromandelianum*	归化	美洲	无意引入	陆生草本
锦葵科	黄花稔属	白背黄花棯	*Sida rhombifolia*	归化	热带亚洲	有意引入	陆生亚灌木
大戟科	铁苋菜属	铁苋菜	*Acalypha australis*	归化	美洲	无意引入	陆生草本
大戟科	大戟属	飞扬草	*Euphorbia hirta*	归化	南亚	无意引入	陆生草本
大戟科	蓖麻属	蓖麻	*Ricinus communis*	归化	非洲东北部	有意引入	陆生草本
含羞草科	含羞草属	光荚含羞草	*Mimosa bimucronata*	入侵	热带美洲	有意引入	陆生灌木

（续）

科名	属名	中文名	拉丁学名	类别	原产地	传入途径	生活型
含羞草科	含羞草属	含羞草	*Mimosa pudica*	归化	热带美洲	有意引入	陆生草本
蝶形花科	猪屎豆属	猪屎豆	*Crotalaria pallida*	归化	非洲	无意引入	陆生草本
蝶形花科	山蚂蝗属	南美山蚂蝗	*Desmodium tortuosum*	归化	南美等	无意引入	陆生草本
茜草科	耳草属	伞房花耳草	*Hedyotis corymbosa*	归化	非洲	有意引入	陆生草本
茜草科	钮扣草属	阔叶丰花草	*Spermacoce alata*	归化	南美洲	有意引入	陆生草本
菊科	藿香蓟属	藿香蓟	*Ageratum conyzoides*	入侵	中南美洲	无意引入	陆生草本
菊科	紫菀属	钻叶紫菀	*Aster subulatus*	入侵	北美洲	无意引入	陆生草本
菊科	鬼针草属	鬼针草	*Bidens pilosa*	入侵	热带美洲	无意引入	陆生草本
菊科	飞蓬草属	香丝草	*Erigeron bonariensis*	归化	南美洲	无意引入	陆生草本
菊科	飞蓬草属	小蓬草	*Erigeron canadensis*	入侵	北美洲	自然扩散	陆生草本
菊科	鳢肠属	鳢肠	*Eclipta prostrata*	归化	美洲	无意引入	陆生草本
菊科	一点红属	一点红	*Emilia sonchifolia*	归化	东南亚	有意引入	陆生草本
菊科	菊芹属	败酱叶菊芹	*Erechtites valerianifolius*	归化	北美洲	无意引入	陆生草本
菊科	飞蓬属	一年蓬	*Erigeron annuus*	入侵	北美洲	自然扩散	陆生草本
菊科	假臭草属	假臭草	*Praxelis clematidea*	入侵	南美洲	自然扩散	陆生草本
菊科	牛膝菊属	牛膝菊	*Galinsoga parviflora*	归化	南美洲	无意引入	陆生草本
菊科	假泽兰属	微甘菊	*Mikania micrantha*	入侵	南美洲	无意引入	陆生藤本
菊科	翅果菊属	翅果菊	*Lactuca indica*	归化	东南亚	自然扩散	陆生草本
菊科	金腰箭属	金腰箭	*Synedrella nodiflora*	归化	美洲	无意引入	陆生草本
菊科	斑鸠菊属	夜香牛	*Vernonia cinerea*	归化	南美洲	有意引入	陆生草本
菊科	蟛蜞菊属	南美蟛蜞菊	*Sphagneticola trilobata*	入侵	南亚	有意引入	陆生草本
茄科	茄属	少花龙葵	*Solanum americanum*	归化	美洲	无意引入	陆生草本
茄科	茄属	水茄	*Solanum torvum*	归化	热带美洲	有意引入	陆生灌木
旋花科	番薯属	五爪金龙	*Ipomoea cairica*	入侵	热带亚洲或非洲	无意引入	陆生藤本
旋花科	番薯属	牵牛	*Ipomoea nil*	归化	热带美洲	有意引入	陆生藤本
旋花科	番薯属	三裂叶薯	*Ipomoea triloba*	归化	热带美洲	自然扩散	陆生藤本
禾亚科	薏苡属	薏苡	*Coix lacryma-jobi*	归化	南亚	有意引入	陆生草本
禾亚科	雀稗属	两耳草	*Paspalum conjugatum*	归化	热带美洲	有意引入	陆生草本
禾亚科	雀稗属	丝毛雀稗	*Paspalum urvillei*	归化	南美	有意引入	陆生草本
禾亚科	狗尾草属	棕叶狗尾草	*Setaria palmifolia*	归化	非洲	有意引入	陆生草本
禾亚科	狗尾草属	皱叶狗尾草	*Setaria plicata*	归化	非洲	无意引入	陆生草本

二、入侵途径及原产地分析

陈禾洞省级自然保护区外来入侵或归化植物的入侵途径主要包括有意引入、无意引入及自然扩散(表 2.9)，以无意引入传播方式最多，共有 24 种植物以此种方式传入，其次是有意引入方式。50 种入侵和归化植物中，大部分来自美洲，有 37 种，占外来入侵植物的 74.0%，其可能原因一是由于陈禾洞保护区所处的南亚热带海洋性季风气候区适宜这些物种的生长，二是因为新旧大陆分离时间较长，致使两地间生物种类的交流较少，缺乏相互依存、相互制约的生态关系及条件。

表 2.9　陈禾洞省级自然保护区外来植物入侵途径

入侵途径	数量(种)	占比(%)
有意引入	21	42.0
无意引入	24	48.0
自然扩散	5	10.0
合计	43	100.0

三、入侵植物生活型分析

在陈禾洞自然保护区内的 50 种入侵和归化植物中，陆生草本有 42 种，占入侵植物种类总数的 84.0%，其余生活型包括陆生灌木 2 种、陆生藤本 4 种、陆生亚灌木 1 种、两栖草本 1 种(表 2.10)。草本植物在到达新的环境时，由于其具有生活史短、更新速度快、结实期长且结实率高、种子轻且个体小等特点，使得其在与本地物种竞争时具有极大的优势，由此可见，草本植物具有更强的适应能力及入侵能力，有较大的可能性成为入侵物种。

表 2.10　陈禾洞保护区外来入侵植物的生活型

生长型	数量(种)	占比(%)
陆生草本	42	84.0
陆生灌木	2	4.0
陆生藤本	4	8.0
陆生亚灌木	1	2.0
两栖草本	1	2.0
合计	50	100.0

四、分析讨论

1. 外来植物的入侵特点

根据野外调查结果对陈禾洞保护区内的外来入侵植物进行分析，发现其有种类多、分布不均匀且面积较小等入侵特点。发现的50种外来入侵和归化植物隶属于19科42属，分别占广州地区现有入侵植物科、属、种的29.8%、44.7%及33.9%，在属层面上占据较高的比重。

从分布区域上看多集中于人类活动较为频繁的区域，如区域内的果园、农家乐等周边区域，在保护区的核心区较少发现入侵植物，可见人类活动对于外来物种的扩散有着重要的影响。通过20多年的有效保护，本区自然生态系统得到良好恢复，使得区域内的外来物种分布面积较小，这是此次调查中发现的较为积极的方面，在以后的保护区建设管理过程中应该继续加强防控措施，严格控制外来入侵物种的种群规模。

2. 管理和防控对策

针对陈禾洞省级自然保护区外来入侵植物现状以及未来将会面对的入侵风险，提出以下管理及防控措施。

（1）在进行保护区动植物本底资源调查的基础上开展外来入侵植物专项调查，对区域内的外来入侵植物建立详细的数据库，对其在区域内的详细分布位置、种类、种群规模等进行全面的调查，加强野外监测，防患于未然，并与科研院所合作，对其生物学特性、入侵机制、扩散潜力等方面进行研究。

（2）加强对少数扩散、竞争能力较强的外来入侵植物的物理和生物防治，如假臭草、南美蟛蜞菊、薇甘菊等，对分布较为集中的区域采取物理机械清除，并应用生物防治、化学防治等多种措施来进行综合防治。

（3）利用速生乡土植物生长快等特点及时进行植被恢复，防止外来植物的扩散。

（4）加强对外来入侵植物的检疫检测，杜绝外来有害植物及其种子进入保护区，从根本上阻断其人为途径进入保护区。

（5）加强宣传教育，对本保护区内的工作人员进行外来入侵植物鉴定、控制、危害及防治方法等方面的专业培训，使其在平时的工作中能够及时发现并处理。与此同时，和保护区周边的村镇政府合作，加大对外来入侵植物危害性的宣传教育，提高民众对外来入侵植物危害性的认识，从而大大减少外来入侵植物被盲目引入的风险和机会。

（6）加强保护区的管理，对人为活动进行控制，尤其是保护区内的果园、农家乐等场所，并对保护区内的私自登山者进行监管，防止其不经意带入外来物种。

越是健康稳定复杂的生态系统，越是具有抵抗外来物种干扰的能力。陈禾洞自然保护区有着丰富的物种资源，可谓是广州的物种宝库，只有加强保护区的管理，保证其生物多样性，积极恢复区域内退化生态系统，才能从根本上杜绝外来入侵植物的危害。

第三章　资源植物

广东从化陈禾洞省级自然保护区复杂的地理环境，孕育了丰富多样的植物种类，它们是人类社会可持续发展的巨大推动力和基本保障。根据调查结果统计，陈禾洞的植物资源共有 862 种，隶属于 175 科 529 属，其中，蕨类植物占 30 科 48 属 69 种，裸子植物占 6 科 7 属 7 种，被子植物占 139 科 474 属 786 种。按照植物资源的不同经济用途进行分类，其基本类型主要包括：观赏植物资源、药用植物资源、纤维植物资源、芳香植物资源、油脂植物资源、材用植物资源、食用植物资源、鞣料植物资源、饲料植物资源、树脂树胶植物资源、蜜源植物资源、有毒植物资源等。

第一节　资源植物分类

一、观赏植物

乡土观赏植物具有浓厚的地方园林色彩，并且具有种苗易得、适应能力和抗逆性强等特点，因此选用乡土观赏植物进行园林绿化可起到事半功倍的效果，但乡土观赏植物的选择有赖于当地的植物资源状况。据调查，广东从化陈禾洞省级自然保护区中观赏植物资源有 149 种，占该区植物总数的 12. 7%。根据植物资源的性状及生长型，将其分为乔木类、灌木类、藤本类和草本类。

1. 乔木观赏植物

这一类植物有主干，多数树形高直，是主要用于做行道树、景观树等的乔木树种。广东从化陈禾洞省级自然保护区乔木类观赏植物约有 52 种，主要为木兰科、桃金娘科、大戟科、蔷薇科、含羞草科、桑科、樟科、山矾科、桑科、冬青科、无患子科、漆树科、杜英科等，具体又可分为观姿、观叶、观花和观果类。

(1)观姿类

此类乔木的树冠、树干是其主要的观赏部位，一般植株树形挺拔、树冠整齐、冠大荫浓，姿态优雅或者具有优美的树形，耐修剪，一般其枝、叶、花和果也都具有一定的观赏性，可供行人车辆遮阴并构成良好的街景，在园林中常以孤植、对植、列植或群植的风景林等用于城市小区、道路、公园等地的配植，起到主景、局部装饰点缀或遮阴、防护等作用。例如，黧蒴、香叶树、红鳞蒲桃等。有时观姿类植物在实际的应用中常作为造林树种。

除此以外，一些单子叶的野生木本观赏植物种类如棕榈科植物、露兜树科和观赏竹类也适用于庭园的美化栽植，主要有粉单叶、苗仔竹等，其株形优美，叶形奇特，观赏价值也较高，可群植、丛植或孤植于庭院的局部。

(2)观叶类

观叶类又可分为绿叶类和彩叶类，其中，绿叶类主要是指常绿树种，为一些叶质光洁、叶形奇特、叶感厚硬等种类。例如，鹅掌柴、竹节树、山牡荆等。

彩叶树种包括春秋季变色和叶形奇特树种。植物在不同的季节叶色会有所变化，根据其叶色的特点分为春色叶类、秋色叶类和双色叶类 3 种，通过调查发现，广东从化陈禾洞省级自然保护区的彩叶树种有盐肤木、南酸枣、楝叶吴茱萸等，此类树种可片植或群植于山地或山谷中，新抽出的嫩叶为鲜艳的红色，给山地森林增添了自然之美，极具观赏价值，而新木姜子属的新叶春季抽出时为银白色，聚集生于枝顶，极为别致美丽；也可应用于园林配植中，如种植于浅灰色的建筑物旁边或浓绿色树丛前，由于其叶色鲜艳可起到类似开花的效果，增添园林景观效果。

秋色叶类植物在秋季落叶之前叶会有较为显著的变化，叶色变为黄色、黄褐色、红色、紫红色等。例如，广东从化陈禾洞省级自然保护区中发现的山乌桕、盐肤木、南酸枣、枫香、八角枫等。

(3)观花和观果类

这一类型植物的花形、花色、大小变化千姿百态、绚丽多彩，果实色泽艳丽或外形奇特，具有较高的观赏价值。广东从化陈禾洞省级自然保护区乔木观花和观果类植物主要包括蔷薇科、杜英科、冬青科、柿树科等类群。其中，观赏价值较高的有山杜英、天料木、长花厚壳树、水石榕及山矾属、石楠属等植物，不少植物同时具有观花兼观果的价值，如假苹婆、杨梅、黄牛木、亮叶猴耳环等植物。

在这三个类型中同时具备观姿、观叶、观花、观果的树种也不少，常见的有厚皮香、南酸枣等。有的四季常青或者春秋叶色艳丽、形态独特，有的春夏观花、秋冬观果，为优良的环境绿化和园林配植的树种资源。

此外，一些种类如胡颓子、岗松、雀梅藤等树种的老树桩可作为盆栽，是良好的盆景材料，有的可人工造型而进行培育，形成苍老挺秀、姿态多样、各有千秋的树桩盆景。

2. 灌木观赏植物

一般指的是树高在 3m 以下的丛生木本植物，在园林绿化中多位于乔木层下面，与上面的乔木高低相衬。广东从化陈禾洞省级自然保护区灌木观赏植物约有50种，属于此类的主要有杜鹃花科、野牡丹科、蔷薇科、紫金牛科、锦葵科、马鞭草科、大戟科等。

春季观花的灌木有杜鹃花属、蔷薇属、冬青属、石斑木属、山香圆属等植物，如石斑木、山香圆等，这些种类的植株于春季开花，可营造多姿多彩、山花烂漫的自然美的景观；夏季开花的灌木有红紫珠、栀子等植物。还有的灌木果实艳丽持久，鲜艳夺目，有红色系、黄色系、紫色系和黑紫色系等，红色果实的如狗骨柴和冬青属、算盘子属、紫金牛属的灌木类等，紫色系的有马鞭草科紫珠属的红紫珠等。

还有一些兼具观花和观果的灌木如红紫珠、草珊瑚、毛果算盘子、狗骨柴、三花冬青、朱砂根、虎舌红等植物。观花和观果类型的灌木可根据花色、花期、果色、果期及叶形的变化，在庭园观赏中用于花坛、花台、花境、花篱或者植于庭园、绿地、角隅或游览场所等作装饰点缀。其中的石斑木、栀子、草珊瑚等植物种类分枝多、比较耐修剪，为绿篱植物的良好种类，可起功能分区、隔离和引导视线等作用。

3. 藤本类观赏植物

藤本观赏植物主要指的是茎蔓缠绕、攀援或者蔓生的木本及草本观赏植物。本保护区的藤本植物资源丰富，具有一定观赏价值的藤本植物种类也比较多，这些植物种类常兼具观花、观果和垂直绿化的双重功效，应用形式灵活多样，均可作为花栏、花墙、花亭、棚架花卉植物，同时也可作为建筑物及桥面的墙体和斜坡的绿化植物。本区藤本观赏植物约有20种，其中，观叶的藤本植物有粉叶轮环藤、细圆藤、龙须藤、小叶红叶藤、扁担藤、石柑子等；观花的藤本植物有华南云实及铁线莲属、忍冬属、瓜馥木属、紫玉盘属等植物；观果的有小叶买麻藤及素馨属、玉叶金花属、蛇葡萄属、菝葜属等植物；观花和观果的有假鹰爪、红花青藤及五味子属、崖豆藤属、菝葜属、悬钩子属等植物。

4. 草本观赏植物

广东从化陈禾洞省级自然保护区有着丰富的草本植物资源，具有一定观赏价值的植物占了绝大多数，有的花大色艳；有的精巧细致，惹人喜欢；有的则成片郁郁葱葱地长于林下，为群落增添景观。该区草本类观赏植物约38种，根据草本植物观赏部位以及生长环境的不同，可将其分为观花类、观果类、观叶类、地被类四大类，具体分析如下。

草本的观花植物有爵床科爵床属，天南星科磨芋属，菊科的鬼针草属、艾纳香属、地胆草属、斑鸠菊属，玄参科的蝴蝶草属，唇形科的紫苏属等以及十字花科、鸭跖草科、姜科、兰科等草本植物科的大多数种类，其花均具有很高的观赏价值。该类型的草本观花植物既可作为园林植物配植中的花境、花坛用花和绿地边缘的点缀，也可用于盆栽、瓶插观赏，或者作为园林植物培育新品种的研究材料，极具开发价值。

草本的观果植物因其艳丽的果色和奇特的果形而吸引人，可配植于林缘的路边、花坛、花境或盆栽观赏，有的甚至应用于休闲园林的配置之中，主要包括地稔、铜锤玉带草、华山姜、山菅兰、土茯苓等。其中，地稔、蛇莓、华山姜常成片分布于林下，果实为鲜艳的红色且娇艳欲滴，形成很好的景观；天南星科植物密生或成片分布于较为荫蔽、潮湿的林下，有时硕果累累的景观极为别致美丽，成为林下草本层的优势种，犹如人工栽植；商陆主要分布于保护区的林缘或路旁，果呈紫红色至紫黑色，尤为奇特美丽。

草本的观叶植物一般比较小巧，具有姿态轻盈、叶形奇特、娇小可爱等特点。草本的观叶植物该区分布的主要是三白草科、堇菜科、千屈菜科、蝶形花科、伞形科、茜草科、禾本科、百合科、菊科、荨麻科及蕨类植物等，例如，三白草、草龙、假地豆和莎草属、飘拂草属、珍珠茅属植物。这些观赏类草本植物可用于布置花坛、花境，路边绿化，也可作为花墙绿化，或者作为插花的绿叶用材。有的植物耐水湿、耐阴，可栽植于湖边、溪流边、水边等作为水生或湿地观赏植物。

草本的地被植物是指能覆盖地面的植物，多数花草植物都属于这类植物，主要的特点为植株低矮(一般低于50cm)、铺展力强、耐阴，多成片分布，有时处于园林绿地植物底层的一类植物也可称为地被植物。地被植物既可用于花坛、花境、庭园配植、路边绿化，也可用于荒地、专类园的地面绿化。地稔、蛇莓以及禾本科、蕨类植物的大多数种类均可作为地被植物。蕨类植物体态多姿、淡雅秀丽，具有较高的观赏价值，有“无花之美”之称，是阴生观叶植物中的重要组成部分。目前，我国园林绿化植物种类极多，但所用的蕨类植物却很少，仅有一些种类如乌毛蕨等，还有大量的种类开发潜力大但尚未被开发。

保护区林中的蕨类植物较丰富，其叶形体态千姿百态，或柔软下垂，或平卧于岩石之上，如藤石松、深绿卷柏等；绝大多数蕨类株形优美，叶片细裂或深裂、缺刻等形态各异，可构成精致美丽的图案，叶色青翠，如凤尾蕨属、毛蕨属等植物。此外，不少的蕨类植物还具有两型叶，一般两型叶的幼叶拳卷，具有优雅的姿态美，特别是具有巨大羽状叶的植株，如金毛狗等的拳卷幼叶，拳卷的幅度很大，再加上叶子上还覆盖着厚厚的褐色鳞片，或具有金黄色、紫褐色、灰白色的长毛，从而姿态奇特、优雅美观，极具观赏性。

二、药用植物

药用植物是指植物中可供药用的那些类群。我国地域辽阔，气候复杂，药用植物极为丰富，有“世界药用植物宝库”之称，许多药用植物如人参、甘草、黄著、大黄、三七、当归等，皆为驰名世界的重要药材。中国应用药用植物有着悠久的历史，从第一部较为完整的《神农草本经》至《本草纲目》等收集的药用植物数以万计，这些药用植物对治疗某些疾病也有着卓越的效果，广泛流传着民间药方和验方。

广东从化陈禾洞省级自然保护区的药用植物种类多、分布广，大约有675种，按照利用部分可分为10类，具体分述如下。

1. 全草药用植物

采取草本植物的全部或仅指地上部分供药用的种类。例如，深绿卷柏全草清热解毒、抗癌、止血，治癌症、肺炎、急性扁桃体炎、眼结膜炎、乳腺炎等；其他全草入药的还有扇叶铁线蕨、山蒟、草珊瑚、羊角拗、七星莲等。

2. 根及根茎类药用植物

药用部分为根及地下茎植物类的总称，根茎包括块茎、鳞茎、根茎等。本区的根及根茎类药用植物有很多，如了哥王、马缨丹、淡竹叶、山菅兰、土茯苓、桃金娘、朱砂根等。

3. 茎类药用植物

植物带叶或不带叶的地上茎或茎的一部分(如皮刺、茎翅等)供药用的种类。该区茎类药用植物有如鬼针草，其中茎入药治疗阑尾炎效果显著；鼠麴草的内服可降高血压及治气喘和支气管炎等；杜茎山茎外敷用可止血，治疗跌打损伤。

4. 叶类药用植物

植物完整的叶片供药用的种类，本区有如盐肤木叶煎汁洗治膝疮；了哥王叶捣烂外敷治疗疔毒疮、胀伤及指头蜂窝组织炎功效很好；淡竹叶的叶子为清凉、解热、利尿剂；其他叶类药用植物还有朱砂根、岗松、栀子、枇杷叶、紫珠、马缨丹等。

5. 树皮类药用植物

木本植物茎干形成层以外的部分，包括韧皮部、皮层及周皮。本区这类植物有如杨梅，我国江南的著名水果，其树皮富含单宁，可用作赤褐色染料及医药上的收敛剂；除此之外，保护区内该类型的药用植物还有榕树、多花山竹子等。

6. 花类药用植物

植物完整的花序或单花或仅采用花的一部分供药用的种类，忍冬属的花(即常称为金银花)为植物抗生性药，能解热、消炎、杀菌，治热性病、身热无汗、痛肿、梅毒、淋病、肠炎、关节炎及一切化脓性疾患和利尿等；马缨丹的花有清热解毒、散结止痛、祛风止痒之效，可治疟疾、肺结核、颈淋巴结核、腮腺炎、胃痛、风湿骨痛等。

7. 果实类药用植物

采用植物完整的果实或果实的一部分供药用的种类，该区果实类药用植物有如薜荔，可治遗精、阳痿、乳汁不通、闭经、乳糜尿；其他果实类药用植物还有柿、黄荆、栀子、金樱子、山鸡椒等。

8. 种子类药用植物

采用植物成熟的种子或种子的一部分供药用的种类，如香叶树种子提取的晶形或固形脂肪用作栓剂基质，可作可可豆脂的代用品，种子油煎蛋可治肺病；其他种子类药用植物还包括金樱子、羊角拗、龙眼、决明等。

9. 孢子药用植物

主要是采用蕨类植物的孢子供药用的种类，如海金沙、小叶海金沙的孢子入药为利尿剂，治淋病、水肿等，又为清凉性镇痛药。

10. 其他类药用植物

采用植物的分泌物作药用，如马尾松分泌的松香，加工或植物的某些器官经昆虫寄生而形成的虫瘿等供药用的植物种类。例如，枫香树脂有调气血、开窍化瘀、解毒止痛功效，也可作医药上的祛痰剂，外用作涂擦剂，治疥癣；盐肤木虫瘿(五倍子)入药为收敛剂，用于治火伤和烫伤，又为止血剂，并用作生物碱中毒的解毒药。

三、油脂植物

我国具有丰富的油脂植物资源。虽然野生油脂植物的利用近年来已不断扩大，但利用的品种和数量仍较少，而且每种植物的利用部分也多限于种子，其他部位如茎、叶、根、种子外的果实部分用于提取油脂的还较少。为了补充更多的油源，今后应积极扩大野生油料植物的合理利用，争取更多、更快地把可以提取油脂的野生油脂植物的果实、种子、茎、叶等综合利用起来。本区的油脂植物资源共有 120 种，占该区植物总数的 10.23%，主要集中在樟科、大戟科、芸香科等植物，如豺皮樟、算盘子等，主要用途多为提取工业用油，有些可用于调制化妆品、制作肥皂和作润滑油等，如山黄麻、楝叶吴茱萸等；有些可供提取食用油，如小叶买麻藤等(表 3.1)。

表 3.1 主要油脂植物资源

种类	用途
小叶买麻藤 *Gnetum parvifolium*	种子油可供食用
山黄麻 *Trema tomentosa*	核仁油可供制肥皂和作润滑油

（续）

种类	用途
香叶树 *Lindera communis*	果核油可供制肥皂、润滑剂、油墨，又可作食用油；还可供药用；果皮可供提取芳香油；油粕为高级氮肥
山鸡椒 *Litsea cubeba*	核油为脂肪油，可代替椰子油用于制造脂肪酸、醛、醇酯及高级肥皂；油粕含丰富有机质，可作肥料
豺皮樟 *Litsea rotundifolia*	果实、叶可供提取芳香油
楝叶吴茱萸 *Tetradium glabrifolium*	种子油可供制肥皂，也可供提取芳香油
两面针 *Zanthoxylum nitidum*	叶和果皮均可供提取芳香油
算盘子 *Glochidion puberum*	种子可供榨油
山乌桕 *Triadica cochinchinensis*	种子可供制油，民间药用
盐肤木 *Rhus chinensis*	果皮含蜡质，为白蜡，可制蜡烛、膏药、香膏、头发蜡等
假苹婆 *Sterculia lanceolata*	果实可供制肥皂
多花山竹子 Garcinia oblongifolia	种仁油可供制肥皂和机械润滑油用
了哥王 *Wikstroemia indica*	种子油供制肥皂用
朱砂根 *Ardisia crenata*	种子可供榨油
黑莎草 *Gahnia tristis*	种子油可供食用，味似花生油，又可供制造肥皂及机械润滑油等

四、材用植物

材用植物是指树干、树枝等能用于制造建材、家具、工具等的植物。本区的材用植物约有 116 种，占该区植物总数的 9.89%，主要以壳斗科、大戟科、桑科、樟科等植物为主。例如，红锥等树种木材坚硬致密、材质优良，适于作建筑、造船、车辆等工业用材及家具；用黄樟等树种做成的家具可防虫蛀。这些均是极其珍贵的传统家具用材树种。除此之外，还有马尾松、杉木、楝叶吴茱萸、红椿、白桂木、小叶胭脂、铁榄、水石梓等。

五、芳香植物

芳香植物是指具有香气和可供提取香油的植物。含有芳香植物的科主要有樟科、芸香科、唇形科、禾本科、桃金娘科、蔷薇科和菊科等。芸香科的植物主要用于提取橘皮油、橙叶油、柚子油、花椒油等；唇形科植物用于提取薄荷油、紫苏油；菊科植物用于提取艾油、蒿油、艾纳香油等。本区的芳香植物有马尾松、香叶树、草珊瑚、山鸡椒、黄樟、山黄麻、桃金娘等。提取的芳香油可用于调配化妆香精、药用、食品调味剂等。具体如表 3.2。

表 3.2 主要芳香植物资源

种名	用途
醉香含笑 *Michelia macclurei*	花芳香，可供提取香精油
乌药 *Lindera aggregata*	果实、根、叶均可作提取芳香油制香皂
马尾松 *Pinus massoniana*	针叶及果实都可供提取芳香油
红楠 *Machilus thunbergii*	叶可供提取芳香油
枇杷叶紫珠 *Callicarpa kochiana*	叶可供提取芳香油
圆叶豺皮樟 *Litsea rotundifolia*	果实可供提取芳香油
绒毛润楠 *Machilus velutina*	果实可供提取芳香油
草珊瑚 *Sarcandra glabra*	鲜叶可供提取芳香油，用于调配化妆香精
黄樟 *Cinnamomum parthenoxylon*	供提取香精；种子可供榨油
香叶树 *Lindera communis*	果皮、果实供提取芳香油
山鸡椒 *Litsea cubeba*	供提取香精；果核可供榨取脂肪油
山黄麻 *Trema tomentosa*	花清香，可供提取芳香油
桃金娘 *Rhodomyrtus tomentosa*	枝叶供提取芳香油

（续）

种名	用途
清香藤 *Jasminum lanceolaria*	花芳香，可供提取芳香油
牡荆 *Vitex negundo* var. *cannabifolia*	花芳香，可供提取芳香油
栀子 *Gardenia jasminoides*	花、茎、叶可供提取芳香油
华山姜 *Alpinia oblongifolia*	根茎含芳香油，可用作调和香精的原料

六、食用植物

人类一日三餐所吃的食物，大部分直接来源于植物。食用植物是指人类可以直接食用的植物资源。本保护区主要有如下 2 类。

1. 淀粉及糖类植物

糖类是存在于植物细胞中的可溶性碳水化合物，可直接用作能量和生长。淀粉是植物细胞中不溶性碳水化合物，是能量的贮藏形式，也是人类的主要粮食资源。含淀粉的野生植物以壳斗科、禾本科、天南星科、旋花科等的种类较多，而且淀粉的含量也比较丰富；其次是蕨类、防己科，这些科含淀粉的种类虽然比较少，但是其所含的淀粉量却很高。含糖类的野生植物有蔷薇科、芸香科、猕猴桃科、桃金娘科、鼠李科、柿科、胡颓子科、杜鹃花科、桑科、无患子科、菊科等。植物含淀粉的部位主要有果实、种子以及根、块根、鳞茎或根茎等，植物体的含糖部位多数为果实，尤其是浆果类，如蔷薇科、葡萄科、猕猴桃科、柿科及胡颓子科的若干种类。本保护区的淀粉及糖类的植物中，淀粉类植物有金毛狗、土茯苓、菝葜及壳斗科植物等，糖类植物有杨梅、桃金娘等(表 3. 3)。

表 3. 3　主要淀粉及糖类植物资源

种名	用途
金毛狗 *Cibotium barometz*	根茎含淀粉，可制成各种糕饼
杨梅 *Myrica rubra*	果实味酸甜，可生食或做蜜饯；果汁是一种很好的清凉饮料；果酿出的杨梅酒清香、浓厚、可口
罴蒴 *Castanopsis fissa*	种子含淀粉
桃金娘 *Rhodomyrtus tomentosa*	果实美味可食，并可制软糖、果酱或用于酿酒

（续）

种名	用途
土茯苓 *Smilax glabra*	根茎含淀粉
菝葜 *Smilax china*	根、茎含淀粉
薯莨 *Dioscorea cirrhosa*	根、茎、果实含淀粉

2. 果品植物

果品植物是指植物开花后结出的“果”可以食用的植物。本保护区食用植物包括食用、酿酒、制果品等的植物，主要有桃金娘、地稔、乌饭树、石斑木、罗浮柿、米槠、甜槠、桂林锥、杨桐。其中，桃金娘甜香可口，既可直接食用，又可用来制果酱和酿酒。这些植物数量多，分布广，具有较好的开发前景。

七、有毒植物

有毒植物是指此种植物在代谢过程中产生某些有毒、有害成分，如有毒的生物碱、蛋白、有机酸、无机化合物等，或有毒胺、酚、蒽、肽、萜、醚、醇、甙类等，当人误食或摄食过量时会对人体产生有害作用，出现不良后果(林有润等，2010)。本保护区有毒植物在毒理学上可以划分为不同类型，如八角枫等作用于外周神经系统；羊角拗等有强心作用；含毒蛋白的有了哥王等；黄花蒿等有致光敏作用；还有其他有毒植物如土荆芥等。有的有毒植物是优良的观赏植物，可美化环境，还可为人类及动物提供食物、药物等，但是有些有毒植物不能食用，甚至不宜触摸，在植物利用时应注意。许多有毒植物含有致毒作用的内含物，可以造成人畜伤亡，但是，随着社会的进步和科技的发展，人们对有毒植物的认识加深，对其综合利用也会更加充分，比如，许多有毒植物是很好的抗癌、杀菌药物等。

八、蜜源植物

蜜源植物是指供采蜜昆虫采集花蜜和花粉的植物，这些植物能散发芳香的气味或能分泌花蜜吸引蜜蜂、蝶类等昆虫前来采蜜。本保护区有如鹅掌柴、网脉山龙眼、石斑木、鼠刺、龙眼、荔枝等。

九、其他资源植物

植物性土农药是利用植物的茎叶经过简单加工而制成农药的植物。它具有环境友好，对非靶标生物毒性低，不易产生抗药性，作用方式独特促进作物生长并提高抗药性、种类多、开发途径多等特点。该类型植物在防治作物病虫害中，占有很重要的地位，是近年来发展有机农业的重要技术支撑，其优点是绝大多数植物性农药对人畜均比较安全，在施用过程中不会发生很严重的中毒事故，同时，此类农药易降解、低残留，极适用于果蔬类的食用植物上，此外，不少的植物性农药还有刺激生长等作用，其作用类似于生长激素，有利于作物产量的增加。这些植物农药的有效成分一般分布于整个植株的各个部分，其成分亦较复杂，有的含有糖苷类如三裂叶野葛。保护区的土农药类植物主要有羊角拗、雀梅藤、中南鱼藤、苦楝、黄荆、牧荆、醉鱼草、白背枫等。

除上述植物资源外，还有调料植物如假蒟、山蒟、川桂等，染料植物如细齿叶柃、红楠、栀子、商陆、薯莨等，饲用植物如牡蒿、狗尾草、水苋菜、芒、五节芒、马唐等。

第二节　植物资源的合理利用

保护植物资源，也就是要保护植物物种的多样性和遗传多样性，从而保障植物基本生态过程的正常运转，以实现植物资源的可持续利用，最终的目的就是为了更好地利用植物资源。因此，对植物资源的合理、可持续利用不仅对当代有利，也对子孙后代有利。

植物多样性与人类生存息息相关，植物种类越丰富，人类的利用空间就越大。人类所得到的全部食品、药物和工业原料都是直接或间接从生物多样性资源中取得的，除已应用的各类资源植物外，还有更多的野生植物资源还有待开发利用。广东从化陈禾洞省级自然保护区植物资源极为丰富，但被合理利用的仍然很少，更谈不上产业化。因此，如何在保护的前提下合理而可持续地利用区内的植物资源，是陈禾洞省级自然保护区应该开展的科研课题。

一、加强保护措施和宣传力度

陈禾洞省级自然保护区植物群落类型多样，植物资源丰富，对其进行保护意义重大。随着人们对生态环境的关注，保护区的重要性也逐渐受到人们的重视，大规模的破坏活动可能不会再有，但是仍存在一些隐患，如因村庄用地的不断扩大，原有的村边林地被不断蚕食，致使林地面积减少。此外，本保护区还有较大面积的毛竹林，这些竹林通过村民有意或无意的经营方式也在不断蚕食自然次生林，应引起保护区管理部门重视，采取有效措施杜绝竹林的扩大。

因此，应该大力宣传，普及与自然保护相关的法律法规。可通过讲座、宣传手册及媒体、举行相关知识比赛活动等多种方式方法，广泛宣传保护区的重要作用和保护意义，让当地群众自觉保护保护区的所有资源。结合乡规民约和法律法规的普及，减弱人为活动对保护区的不良干扰和影响，促进保护区植被的自然更新和正向演替。

二、加强野生植物的合理利用研究

随着社会的发展，人类对自然资源的需求也不断增加，植物资源基因库正在逐渐的流失，不少植物种类沦为珍稀濒危物种而濒临灭绝，这就意味着种质和遗传多样性的丧失。本保护区有国家重点保护植物 27 种，珍稀濒危植物 15 种，还有许多特有植物，比如，厚叶木莲、从化山姜、褐花羊耳蒜等，因此，保护区的首要任务就是加强对这些珍稀濒危植物的保护，在条件许可下还应开展适当的种群复壮和种群回归实验，以保障这些珍稀濒危植物的种群能自我维持和发展。

在保护的前提下，可以针对本保护区的特色植物资源开展适当的综合利用研究，对一些具有较大利用潜力的种类，通过人工培育等技术扩大其种群规模，并对其资源性状进行修饰提升，如提升其观赏价值、生产性状、产业规模等，为区域农林业生产培育新的经济增长点。

研究和开发新资源植物应当尽可能地采用高新技术，以达到提高资源利用率及经济效益的目的。根据不同的资源植物，建立各种资源圃，如观赏植物、药用植物、材用植物、油脂植物、蜜源植物、纤维植物等资源圃，充分利用植物的多样性进行综合应用研究。对具有开发潜力的观赏树种开展苗木繁育及园林配植技术的试验研究，采用先进的科学手段对新树种进行培育，适当地建立产品生产基地。对已经开发利用的野生植物种类，根据市场需求，在区外分别建立原料基地，实现野生遗传资源的合理利用，既可避免开发利用过程中野生植物资源的日益枯绝，又可在基地进行筛选和培育优良品种的研究，更有利于加工利用。

三、为区域生态修复与植被重建提供树种选择

经过 20 多年的保护与发展，本保护区自然次生林面积有较大幅度的提高，保护成效显著，区内自然次生林群落结构复杂、物种多样、层次丰富，可为区域城市园林植物配置提供参考模式和物种选择。

保护区周边人口密集，社区发展对资源需求巨大，长期的人为生产生活活动对周边生态环境造成较大影响。目前，保护区周边林地多为马尾松林、杉木林、竹林或桉树林，与从化地处广州后花园的要求差距较大，生态修复和植被重建任务繁重。保护区通过地带性植被保护与自然演替规律的研究，可为当地植被重建提供理论指导，并开展适当的优良单株的母树选择以及优良种源生产培育工作，为区域植被恢复提供种源。

当地城市园林绿化应考虑多应用当地的乡土植物，根据野生植物的生态学特

性发掘本地的优良种类，采用先进的科学手段对新树种进行优树培育，变野生为栽培。可通过筛选，结合市场需求，着重开发观赏价值大、经济效益高的种类，培育繁殖有地方特色的园林绿化树种，把资源优势转变为经济优势，发挥当地野生植物的优势，大力发展乡土植物。

四、发掘生态旅游资源

本保护区是大自然和古人留下来的宝贵物质和文化遗产，亦被称为“人类留下来的绿色瑰宝”。保护区高海拔地区的林木一般枝体苍劲，姿态奇异，从而具有重要的景观价值，这些极具地域特色的植被景观吸引了无数游人的眼光，具有很高的旅游价值。适当发展保护区生态旅游也是资源可持续发展的一个重要方法。

保护区动植物资源丰富，其中不乏珍稀物种以及蕴藏着丰富的地带性生物的知识。例如，保护区的竹海资源是南亚热带地区难得的竹林景观，保护区上库的山地常绿阔叶林景观保存良好，与上库水面相映成景，更是难得的天湖景观，湖边丰富的植物多样性是良好的生物多样性保护、生态环境保护和自然保护的天然课堂，为学生野外学习生物知识和环保知识提供重要场所，还可为市民了解森林、认识生态、探索自然等创造有利条件。但发展保护区的科普旅游需精心的规划和设计，制定严格的保护和管理措施等，尽量减少和避免旅游发展对当地植被和物种多样性的干扰和破坏，结合科普教育和宣传，激发民众保护大自然的意识，使人们更加自觉地珍惜和爱护人类共同的大自然遗产。

第四章　植被

第一节　研究方法

一、调查方法

2016年10月至2018年3月，笔者对陈禾洞省级自然保护区开展了植被资源的详细调查。根据1∶10000卫星影像图和保护区功能区划图的初步判读，结合保护区提供的基础数据和图件，确定植被调查路线，在路线踏查基础上，对典型植被类型分布区开展典型调查。

典型调查根据修改后的《陈禾洞省级自然保护区动植物资源本底调查技术规程(植物和植被部分)》的要求，采用相邻格子法，在林地内设置20m×20m的调查样方，样方分成4个10m×10m的小样方，对样方内胸径(DBH)≥1cm的个体进行每木检尺，记录其种名、树高、胸径和冠幅等，在每个小样方内随机设立1个5m×5m的灌木层样方和1个2m×2m的草本层样方，调查DBH<1cm、树高大于50cm的灌木和草本层样方中的所有草本植物，记录其种类、高度和冠幅(或盖度)，同时记录样方内出现的层间植物及其盖度。对样方内的优势种或建群种则调查其所有个体，即包括DBH<1cm所有个体的基径、高度和冠幅。

样地面积要求：常绿阔叶林每种植被类型典型样方面积不少于1200m^2，针阔混交林每种植被类型样方面积不少于800m^2，针叶林每种植被类型样方面积不少于400m^2。灌丛、草丛每类型样方面积不少于75m^2。每种植被类型样方数不少于3个。

利用Google Earth地图结合实地典型调查，估算每个植被类型的占地面积。

二、数据分析

1. 重要值

采用公式为重要值(Ⅳ)=相对多度+相对频度+相对显著度，其中，乔木相对显著度用胸高断面积计算，灌木和草本相对显著度用盖度计算(王伯荪等，1996)。

2. 生物多样性分析

生物多样性分析包括物种丰富度指数、均匀度指数和物种多样性指数等。其测度公式为 Margalef 物种丰富度指数(dmg)：$dmg=(S-1)/\ln N$；Simpson 物种多样性指数(D)：$D=1-\Sigma P_i^2$；Shannon-Wiener 物种多样性指数(Sw)：$Sw=-\Sigma P_i \ln P_i$；Pielou 均匀度指数(Jsw)：$Jsw=Sw/\log_2 S$(王伯荪等，1996)。式中，S 为样方的植物种数；P_i 为种 i 的个体数占总个体数的比率；N 为样方所有物种的个体数之和。

第二节　植被分布规律

植被是多种植物群落的集合，而不同的植物群落对生境条件都有其特殊的要求，各种植物群落都有其与外界环境相互依存的自然属性，从而表现出它们在空间上的分布规律。

一、水平分布规律

保护区地处南亚热带地区，经纬度跨度均不大，其植被的水平分布主要体现为不同地貌类型的分布规律：随地势不同，分布着不同的植被类型。例如，在中低山地，主要分布自然次生林植被，丘陵台地上多分布着针阔叶混交林和人工林等。

二、垂直分布规律

保护区植被的垂直分布规律为：400m 以下的丘陵坡地受人为干扰较为明显，植被多为毛竹林或针阔叶混交林；海拔 700m 以下为南亚热带季风常绿阔叶林次生林或针阔叶混交林；700~1000m 为南亚热带山地常绿阔叶林；1000m 以上则为山顶灌草丛群落。

第三节　植被类型分类系统

植被分类是地植物学研究的重点，也是争论最多的问题之一。本保护区森林群落的分类系统主要根据《中国植被》的分类原则，即植物群落学-生态学原则，主要以植物群落本身特征作为分类的依据，但又十分注意群落的生态关系，力求利用所有能够利用的全部特征。高级分类单位偏重于生态外貌，中低级单位则着重种类组成和群落结构，但它们都是群落本身综合特征的一个方面。

笔者将外貌结构相同、对水热条件生态关系一致的群落联合为植被型，如暖性针叶林等。在植被型中，根据层次及层片结构的差异，划分出不同的植被亚型，如暖性常绿针叶林、暖性常绿针阔混交林等。在植被亚型中，将建群种或标志种相同的植物群落联合为群系，如马尾松林、杉木林、马尾松阔叶混交林等。在各个群系中，根据建群种或优势种的不同组合情况，可再划分出不同的群丛组或群丛。笔者只描述到群系这一级的群落类型。

根据上述分类原则和分类系统，本保护区森林植被可分为6个植被型、10个植被亚型和13个植被类型(群系)。其中，自然植被分为4个植被型、6个植被亚型和8个植被类型(群系)；人工植被分2个植被型、4个植被亚型和5个植被类型(群系)。为了便于绘植被图，植被类型实行阿拉伯数字连续编号方式：

自然植被

针叶林 ………………………………………………………………… 植被型组

Ⅰ. 暖性针叶林 ……………………………………………………… 植被型

一、暖性常绿针阔叶混交林 ………………………………………… 植被亚型

1. 马尾松阔叶混交林 ……………………………………… 植被类型(群系)

阔叶林

Ⅱ. 常绿阔叶林

二、南亚热带季风常绿阔叶林

2. 罗浮栲+木荷+鹅掌柴林

三、南亚热带山地常绿阔叶林

3. 罗浮栲+厚叶木莲+赤楠林

4. 黧蒴+罗浮栲+毛桃木莲林

竹林

Ⅲ. 暖性竹林

四、南亚热带丘陵、山地竹林

5. 毛竹林

6. 粉单竹+青皮竹林

灌丛和灌草丛

Ⅳ. 灌草丛

五、南亚热带山顶灌丛草坡

7(1). 疏齿木荷+红楠+罗浮柿群落

7(2). 芒萁+地稔+白茅群落

人工植被

Ⅴ. 木本栽培植被

六、人工林

8. 湿地松林
9. 尾叶桉林
七、经济林
10. 果园
八、园林绿地
11. 榕树-台湾草群落
Ⅵ. 草本栽培植被
九、农作物
12. 菜地

第四节　植被类型概述

一、暖性常绿针阔叶混交林

暖性常绿针阔叶混交林是指以暖性针叶树为优势种之一，混交许多地带性常绿阔叶树种组成的森林群落类型，是亚热带地区常见的一种先锋群落类型，只要加强保护，这类森林将较快地向地带性森林群落即常绿阔叶林方向演替。本保护区只有马尾松阔叶混交林一个群系。

1. 马尾松阔叶混交林 Form. *P. massoniana*+broad-leaved trees

本保护区的马尾松阔叶混交林分布面积较广，是本区的主要植被类型之一，面积约有 952.06hm^2，约占保护区面积的 13.5%，主要分布于保护区北部和东部山脚地段。海拔一般在 100~300m，林地土壤多为发育于花岗岩的赤红壤。

本群系的群落外貌和结构因受人为干扰程度不同而各异，受干扰较小的群落自然度较高，群落郁闭度可达 0.8 左右，高度可达 12m 以上，组成种类较复杂，密度也较高，组成种类也以阔叶树为优势；而受人为干扰较明显的群落则郁闭度一般只有 0.6 左右，高度一般在 10m 左右，密度中等，组成种类以马尾松为优势种。

根据 12 个 100m^{2}的样方统计(表 4.1)，乔木层共有 43 种 268 株，密度为 2233 株/hm^2，平均胸高断面积达 39.6cm^2/m^2，以木荷(Ⅳ=68.26%)、马尾松(Ⅳ=33.71%)为优势种，局部地段则多人工种植的湿地松(Ⅳ=25.05%)和杉木(Ⅳ=23.95%)，常见的阔叶树有枫香(Ⅳ=12.80%)、米锥(Ⅳ=11.36%)、鹅掌柴(Ⅳ=10.42%)、山乌桕(Ⅳ=10.31%)，在重要值(Ⅳ)超过 10%的 5 种阔叶树中 2 种是落叶树种，可见，本群落还处于强烈的进展演替中，是由马尾松、杉木等针叶林受保护后阔叶树自然入侵而形成的，林内已有一些本地区中生性种类如木荷、米锥、鹅掌柴等出现，说明群落开始向地带性群落演替，只要加强保护，本群落将逐渐向以阔叶树为优势种的针阔叶林混交林—常绿阔叶次生林—典型常绿阔叶林演替。

群落外貌常绿，林冠参差不齐，层性特征明显。群落高度一般在 15m 左右，群落结构较复杂，垂直方向大致可分 4 层，其中，乔木层 2 层，灌木、草本各 1 层，上层乔木一般在 15m 左右，下层乔木则在 10m 以下。其中，上层乔木有 12 种 87 株，以木荷最多，有 66 株，其次是马尾松和湿地松，分别有 14 株和 8 株，最高者可达 18m；下层乔木有 42 种 221 株，也以木荷居多，有 66 株。

表 4.1 马尾松阔叶混交林群落乔木层重要值统计

样方大小：10m×10m 样方数：12

种名		株数	样方数	胸高断面（cm^2）	胸径（m）		树高（m）		重要值（%）
					平均	最大	平均	最高	
木荷	*Schima superba*	92	9	6268.73	11.0	37.1	9.2	16.0	68.26
马尾松	*Pinus massoniana*	20	7	4660.56	17.2	34.3	10.2	16.0	33.71
湿地松	*Pinus elliottii*	8	4	5458.68	29.5	41.2	16.0	17.0	25.05
杉木	*Cunninghamia lanceolata*	27	5	1910.84	9.5	22.6	8.8	16.0	23.95
枫香	*Liquidambar formosana*	9	5	1027.32	12.1	23.4	9.5	15.0	12.80
米锥	*Castanopsis carlesii*	14	4	343.06	5.6	21.0	6.5	15.0	11.36
鹅掌柴	*Schefflera heptaphylla*	10	6	177.95	4.8	8.6	5.7	8.0	10.42
山乌桕	*Triadica cochinchinensis*	7	5	636.18	10.8	26.1	7.8	14.0	10.31
南酸枣	*Choerospondias axillaris*	1	1	1847.45	48.5	48.5	18.0	18.0	7.21
盐肤木	*Rhus chinensis*	6	4	134.04	5.3	10.5	4.7	8.0	6.77
茜树	*Aidia cochinchinensis*	8	3	57.02	3.0	5.3	5.0	7.0	6.31
三花冬青	*Ilex triflora*	5	3	437.91	10.6	11.9	6.4	10.0	6.29
虎皮楠	*Daphniphyllum oldhamii*	5	4	34.41	3.0	3.8	3.5	4.0	5.92
青冈	*Cyclobalanopsis glauca*	3	3	209.67	9.4	23.2	5.0	8.0	5.42
狗骨柴	*Diplospora dubia*	5	3	26.55	2.6	3.6	3.9	4.5	4.96
常绿荚蒾	*Viburnum sempervirens*	4	3	12.88	2.0	2.8	4.3	7.0	4.50
油茶	*Camellia oleifera*	3	3	25.14	3.3	5.8	3.4	4.5	4.15
山苍子	*Litsea cubeba*	5	2	45.93	3.4	5.0	4.6	6.0	4.10
锥	*Castanopsis chinensis*	2	2	294.82	13.7	14.6	10.5	13.0	3.64
杨桐	*Adinandra millettii*	3	2	19.82	2.9	3.5	4.2	5.0	3.18
柿树	*Diospyros kaki*	2	2	45.80	5.4	7.8	6.4	9.0	2.87
华润楠	*Machilus chinensis*	2	2	28.37	4.3	6.7	6.5	8.5	2.82
岗柃	*Eurya groffii*	2	2	30.41	4.4	5.6	4.5	5.0	2.80
华杜英	*Elaeocarpus chinensis*	2	2	19.24	3.5	4.7	4.0	4.5	2.76
茶	*Camellia sinensis*	2	2	9.43	2.5	3.6	3.5	4.0	2.73
毛冬青	*Ilex pubescens*	2	2	3.53	1.5	1.7	2.8	3.0	2.71
罗浮柿	*Diospyros morrisiana*	2	1	79.18	7.1	8.1	7.5	8.0	2.02
变叶榕	*Ficus variolosa*	2	1	9.43	2.5	2.7	4.8	6.0	1.79
楝叶吴茱萸	*Tetraclium glabrifolium*	1	1	59.45	8.7	8.7	6.0	6.0	1.54

（续）

种名		株数	样方数	胸高断面（cm^2）	胸径（m）		树高（m）		重要值（%）
					平均	最大	平均	最高	
白楸	*Mallotus paniculatus*	1	1	55.42	8.4	8.4	7.5	7.5	1.52
木莲	*Manglietia fordiana*	1	1	41.85	7.3	7.3	7.5	7.5	1.48
黄毛冬青	*Ilex dasyphylla*	1	1	32.17	6.4	6.4	7.0	7.0	1.45
粉单竹	*Bambusa chungii*	1	1	30.19	6.2	6.2	12.0	12.0	1.44
红楠	*Machilus thunbergii*	1	1	24.63	5.6	5.6	7.0	7.0	1.43
罗浮栲	*Castanopsis faberi*	1	1	15.21	4.4	4.4	6.0	6.0	1.40
豺皮樟	*Litsea rotundifolia* var. *oblongifolia*	1	1	10.18	3.6	3.6	4.0	4.0	1.38
鼠刺	*Itea chinensis*	1	1	8.55	3.3	3.3	6.0	6.0	1.37
少叶黄杞	*Engelhardtia roxburghiana*	1	1	8.55	3.3	3.3	4.0	4.0	1.37
三桠苦	*Melicope pteleifolia*	1	1	8.04	3.2	3.2	4.0	4.0	1.37
光叶山矾	*Symplocos lancifolia*	1	1	4.52	2.4	2.4	4.0	4.0	1.36
桃金娘	*Rhodomyrtus tomentosa*	1	1	4.52	2.4	2.4	3.5	3.5	1.36
石斑木	*Raphiolepis indica*	1	1	2.01	1.6	1.6	2.0	2.0	1.35
黄绒润楠	*Machilus grijsii*	1	1	1.77	1.5	1.5	3.0	3.0	1.35

群落在径级结构方面的特点是缺乏大径级个体。据 12 个样方统计，群落中 DBH≥40cm 的大树有 2 株 2 种，分别为南酸枣和湿地松；20cm≤DBH<40cm 的个体有 37 株 9 种，占总株数的 13.8%，可见，成年树在本群落中占有较小的比例；5cm≤DBH<20cm 的小树个体有 117 株 24 种，DBH<5cm 的幼树则有 152 株 36 种。

群落灌木层高度在 2m 左右，盖度一般为 50%，保护好的林分灌层盖度大些，保护差的则小些。但总体而言，灌层植物组成种类较复杂，优势种不很明显，据 9 个 5m×5m 灌木层样方统计，马尾松阔叶混交林群落灌木层植物有 40 种（表 4.2），主要由三类植物组成，一类是上层乔木的小树，如木荷、黄樟、黄果厚壳桂、锥、米锥、华润楠等；一类是蔓状灌木如金樱子、两面针等；还有则是灌木种类，且这些种类在该层片中略占优势，如重要值排前 3 位的分别是粗叶榕（*IV*=24.42%）、虎皮楠（*IV*=20.46%）和茶（*IV*=16.69%）。

表 4.2 马尾松阔叶混交林灌木层重要值统计

样方大小：5m×5m　样方数：9

种名		株数	样方数	总冠幅（m^2）	重要值（%）
粗叶榕	*Ficus hirta*	17	5	5.20	24.42
虎皮楠	*Daphniphyllum oldhamii*	12	6	3.34	20.46
茶	*Camellia sinensis*	25	3	1.25	16.69
鹅掌柴	*Schefflera heptaphylla*	22	2	2.55	16.50
桃金娘	*Rhodomyrtus tomentosa*	13	2	3.89	15.66

（续）

种名		株数	样方数	总冠幅(m^2)	重要值(%)
草珊瑚	*Sarcandra glabra*	15	4	1.32	14.56
米碎花	*Eurya chinensis*	3	1	6.00	14.36
白花灯笼	*Clerodendrum fortunatum*	18	3	0.71	12.96
朱砂根	*Ardisia crenata*	14	2	0.84	10.12
竹节树	*Carallia brachiata*	2	1	4.00	10.09
毛冬青	*Ilex pubescens*	4	2	2.34	9.20
木荷	*Schima superba*	7	2	1.66	9.03
黄樟	*Cinnamomum parthenoxylon*	3	1	3.00	8.54
金樱子	*Rosa laevigata*	3	1	3.00	8.54
鲫鱼胆	*Maesa perlarius*	10	1	1.60	8.50
常绿荚蒾	*Viburnum sempervirens*	9	2	0.34	7.23
石斑木	*Rhaphiolepis indica*	13	1	0.30	7.13
黄栀子	*Gardenia jasminoides*	5	2	1.00	6.98
梅叶冬青	*Ilex asprella*	6	2	0.64	6.67
三椏苦	*Melicope pteleifolia*	2	1	2.00	6.21
锥	*Castanopsis chinensis*	6	1	1.20	6.19
毛果算盘子	*Glochidion eriocarpum*	7	1	0.63	5.47
茜树	*Aidia cochinchinensis*	9	1	0.18	5.36
山血丹	*Ardisia lindleyana*	6	1	0.12	4.09
地桃花	*Urena lobata*	4	1	0.24	3.56
水东哥	*Saurauia tristyla*	1	1	0.80	3.50
黄果厚壳桂	*Cryptocarya concinna*	3	1	0.36	3.41
米槠	*Castanopsis carlesii*	2	1	0.48	3.26
灰毛大青	*Clerodendrum canescens*	3	1	0.12	2.94
台湾榕	*Ficus formosana*	3	1	0.12	2.94
水杨梅	*Adina pilulifera*	1	1	0.49	2.90
山指甲	*Ligustrum sinense*	3	1	0.03	2.77
华山矾	*Symplocos paniculata*	1	1	0.40	2.72
白背叶	*Mallotus apelta*	2	1	0.18	2.68
深裂锈毛莓	*Rubus reflexus*	2	1	0.18	2.68
香叶树	*Lindera communis*	1	1	0.30	2.53
华南蒲桃	*Syzygium austrosinense*	1	1	0.25	2.43
柿	*Diospyros kaki*	1	1	0.20	2.33
华润楠	*Machilus chinensis*	1	1	0.16	2.26
两面针	*Zanthoxylum nitidum*	1	1	0.09	2.12

群落内草本植物较少，草本层主要由乔灌木的小苗组成，偶有蕨类和禾草类草本分布，草本层盖度一般仅为20%左右，林缘草本较丰富。据9个2m×2m草本层样方调查统计，共有草本植物16种(表4.3)，以蕨类植物芒萁(IV = 92.16%)占优势地位，其他蕨类如乌毛蕨(IV = 52.72%)、扇叶铁线蕨(IV = 33.31%)等也占较大比例，而禾草植物则以头序苔草(IV = 27.06%)、弓果黍

（Ⅳ=15.88%）、淡竹叶（Ⅳ=15.78%）等为主。林中少见附生植物，藤本植物也主要分布于林缘，偶有小叶买麻藤、扭肚藤、亮叶鸡血藤、锡叶藤、玉叶金花、海金沙等分布于林内。

表 4.3　马尾松阔叶混交林草本层重要值统计

样方大小：2m×2m　样方数：9

种名		株数	样方数	总冠幅（m^2）	重要值（%）
芒萁	*Dicranopteris pedata*	175	3	100	92.16
乌毛蕨	*Blechnum orientale*	10	6	140	52.72
扇叶铁线蕨	*Adiantum flabellulatum*	23	6	34	33.31
头序苔草	*Carex phyllocephala*	7	3	70	27.06
弓果黍	*Cyrtococcum patens*	34	1	5	15.88
淡竹叶	*Lophatherum gracile*	9	2	30	15.78
华山姜	*Alpinia oblongifolia*	3	2	30	13.70
宽叶金粟兰	*Chloranthus henryi*	10	2	10	11.61
珍珠茅	*Scleria levis*	5	2	3	8.30
海金沙	*Lygodium japonicum*	3	1	5	5.11
芒	*Miscanthus sinensis*	2	1	5	4.76
黑莎草	*Gahnia tristis*	1	1	5	4.42
山麦冬	*Liriope spicata*	2	1	2	4.09
纤毛鸭嘴草	*Ischaemum ciliare*	2	1	2	4.09
傅氏凤尾蕨	*Pteris fauriei*	1	1	1	3.51
割鸡芒	*Hypolytrum nemorum*	1	1	1	3.51

二、南亚热带季风常绿阔叶林

季风常绿阔叶林是南亚热带的地带性森林群落类型。本保护区的季风常绿阔叶林属次生性类型，是保护区 20 世纪 90 年代初停止人为采伐后自然演替而来的，群落分布于海拔 150~700m，土壤类型为赤红壤和红壤，水热条件良好，有机质含量中等；群落组成种类复杂多样而富于热带性，优势科属为壳斗科、山茶科和樟科中热带性较强的类群，其次还有金缕梅科、桃金娘科、大戟科、梧桐科等，热带性种类在林下层表现突出，而林冠层组成种类以亚热带成分居多；群落还处于演替早期的次生林状态，因此，落叶成分仍占一定的比例。

本类型是保护区的主要植被类型，分布于整个保护区中间海拔地段，面积约有 3469.26hm^2，占全区面积的 49.18%，群落组成种类复杂，优势种不是特别明显，只分一个群系，即罗浮栲+木荷+鹅掌柴林，恢复年限在 20~30 年不等，群落结构较复杂，乔木一般可分 2 层。

2. 罗浮栲+木荷+鹅掌柴林

本群系的群落外貌和结构因受恢复程度不同而各异，受保护年限长些的群落自然度较高，群落郁闭度可达 0.8 左右，高度可达 12m 以上，组成种类较复杂，密度也较高；而受保护年限短些的群落则郁闭度一般只有 0.6 左右，高度一般在 10m 左右，密度中等。

根据 12 个 10m×10m 的样方统计(表4.4)，乔木层共有66 种337 株，密度为 2816 株/hm^2，平均胸高断面积达 39.6cm^2/m^2，以罗浮栲(IV=31.72%)、鹅掌柴(IV=23.10%)、木荷(IV=16.24%)等为优势种，但优势度不明显，其他如罗浮柿(IV=13.62%)、华润楠(IV=13.38%)、鼠刺(IV=13.05%)、铁榄(IV=12.75%)、黄杞(IV=11.94%)和乌材(IV=10.51%)等的重要值也都超过 10%，这些种类大部分为先锋种类，说明群落还处于演替早期。

群落外貌常绿，林冠参差不齐，层性特征明显。群落高度一般在 15m 左右，群落结构较复杂，垂直方向大致可分 4 层，其中，乔木层 2 层，灌木、草本各 1 层，上层乔木一般在 15m 左右，高者可达 20m 左右，下层乔木则在 10m 以下。其中，上层乔木有 27 种 70 株，以罗浮栲最多，有 12 株，但优势不显著；下层乔木有 61 种 267 株，以鹅掌柴居多，有 23 株。

表 4.4 罗浮栲+木荷+鹅掌柴林乔木层重要值统计

样方大小：10m×10m 样方数：12

种名		株数	样方数	胸高断面(cm^2)	胸径(m)		树高(m)		重要值(%)
					平均	最大	平均	最高	
罗浮栲	*Castanopsis fabri*	20	9	5430.25	15.4	47.0	11.2	20.0	31.72
鹅掌柴	*Schefflera heptaphylla*	26	10	2419.07	9.6	27.5	8.4	15.0	23.10
木荷	*Schima superba*	7	4	3148.22	20.1	44.3	11.8	15.0	16.24
罗浮柿	*Diospyros morrisiana*	12	6	1675.31	9.6	34.5	8.8	15.0	13.62
华润楠	*Machilus chinensis*	18	7	948.30	6.7	16.9	7.2	16.0	13.38
鼠刺	*Itea chinensis*	18	7	857.24	6.4	23.0	6.4	9.0	13.05
铁榄	*Sinosideroxylon wightianum*	21	5	890.23	6.6	13.8	6.0	8.5	12.75
少叶黄杞	*Engelhardtia roxburghiana*	7	4	1977.66	16.5	29.3	11.3	15.0	11.94
乌材	*Diospyros eriantha*	15	6	584.85	6.2	15.7	6.3	12.0	10.51
蕈树	*Altingia chinensis*	14	3	961.50	8.2	16.4	8.3	12.0	9.63
尖脉木姜子	*Litsea acutivena*	15	5	471.59	5.6	13.2	5.3	7.5	9.44
木莲	*Manglietia fordiana*	3	1	1536.82	24.2	33.6	13.0	13.0	7.18
广东毛蕊茶	*Camellia melliana*	17	2	63.66	2.1	2.8	2.8	3.5	6.57
香楠	*Aidia canthioides*	8	5	53.12	2.8	4.1	4.0	5.5	5.83
猴欢喜	*Sloanea sinensis*	6	4	229.62	6.0	12.8	6.3	10.0	5.23
杉木	*Cunninghamia lanceolata*	3	3	645.58	13.7	26.7	10.0	14.0	5.22
罗伞树	*Ardisia quinquegona*	7	4	28.77	2.2	2.8	2.9	4.5	4.79
短序润楠	*Machilus breviflora*	5	3	367.95	8.8	12.3	8.3	10.0	4.79
黄果厚壳桂	*Cryptocarya concinna*	3	3	397.29	10.9	19.0	11.3	20.0	4.31
粘木	*Ixonanthes reticulata*	6	2	297.42	7.3	11.8	6.5	10.0	4.17
密花树	*Myrsine seguinii*	5	3	170.20	6.4	8.6	7.3	10.0	4.06

（续）

种名		株数	样方数	胸高断面（cm^2）	胸径（m）		树高（m）		重要值（%）
					平均	最大	平均	最高	
鼎湖钓樟	*Lindera chunii*	7	1	295.28	7.3	7.9	8.7	11.0	3.81
红鳞蒲桃	*Syzygium hancei*	5	3	62.85	3.8	6.4	5.6	7.0	3.67
新木姜	*Neolitsea aurata*	3	2	367.36	9.9	20.6	7.7	12.0	3.54
红楠	*Machilus thunbergii*	4	2	200.25	6.9	13.6	5.6	7.0	3.23
两广梭罗	*Reevesia thyrsoidea*	4	2	186.88	5.3	15.0	4.8	8.6	3.18
山檨叶泡花树	*Meliosma thorelii*	4	2	177.96	6.6	10.9	10.0	18.0	3.14
变叶榕	*Ficus variolosa*	3	3	34.98	3.8	4.3	5.5	6.0	2.98
柯	*Lithocarpus glaber*	6	1	124.34	11.0	4.1	10.0	5.2	2.88
鼎湖血桐	*Macaranga sampsoni*	6	1	100.46	7.5	4.3	7.5	6.5	2.80
山牡荆	*Vitex quinata*	3	2	122.91	5.6	12.0	6.0	11.0	2.65
香皮树	*Meliosma fordii*	3	2	119.84	6.3	8.8	7.3	11.0	2.63
铁冬青	*Ilex rotunda*	1	1	437.44		23.6		19.0	2.55
鸭公树	*Neolitsea chuii*	3	2	75.32	5.4	7.5	6.7	9.0	2.47
野含笑	*Michelia skinneriana*	3	1	232.17	13.6	9.3	9.0	8.0	2.39
山乌桕	*Triadica cochinchinensis*	1	1	343.07		20.9		15.0	2.21
水同木	*Ficus fistulosa*	4	1	78.68	7.8	4.6	6.0	5.1	2.13
野漆	*Toxicodendron succedaneum*	2	2	15.50	3.1	3.8	7.6	8.0	1.96
山杜英	*Elaeocarpus sylvestris*	2	1	190.07	11.0	11.0	9.0	9.0	1.94
白桂木	*Artocarpus hypargyreus*	3	1	99.28	7.9	6.4	7.0	6.5	1.91
厚壳桂	*Cryptocarya chinensis*	2	1	148.05	10.1	9.7	13.0	11.5	1.79
腺叶桂樱	*Laurocerasus phaeosticta*	3	1	52.72	6.8	4.3	9.0	6.3	1.73
多花山竹子	*Garcinia multiflora*	3	1	42.80	5.6	4.1	6.5	5.5	1.70
黄绒润楠	*Machilus grijsii*	3	1	20.06	3.6	2.8	5.0	4.0	1.61
革叶铁榄	*Sinosideroxylon wightianum*	2	1	59.12	7.8	5.8	6.0	6.0	1.46
浙江润楠	*Machilus chekiangensis*	1	1	132.73		13.0		12.0	1.44
茜树	*Aidia cochinchinensis*	2	1	14.15	3.1	3.0	5.0	3.4	1.30
短柄幌伞枫	*Heteropanax brevipedicellatus*	1	1	86.59		10.5		7.0	1.27
绒毛山胡椒	*Lindera nacusua*	1	1	52.81		8.2		10.0	1.14
水杨梅	*Adina pilulifera*	1	1	50.27		8.0		7.0	1.13
梨润楠	*Machilus pomifera*	1	1	47.78		7.8		8.0	1.12
密花山矾	*Symplocos congesta*	1	1	34.21		6.6		4.5	1.07
黄叶树	*Xanthophyllum hainanense*	1	1	17.35		4.7		4.5	1.01
石斑木	*Rhphiolepis indica*	1	1	17.35		4.7		7.0	1.01
臀果木	*Pygeum topengii*	1	1	13.85		4.2		5.0	1.00
华南木姜子	*Litsea greenmaniana*	1	1	11.95		3.9		6.0	0.99
酸味子	*Antidesma japonicum*	1	1	7.55		5.5		3.1	0.98
三椏苦	*Melicope pteleifolia*	1	1	4.91		2.5		3.0	0.97
柏拉木	*Blastus cochinchinensis*	1	1	4.15		2.3		4.5	0.96
光叶山黄麻	*Trema cannabina*	1	1	4.15		2.3		4.0	0.96
巴豆	*Croton tiglium*	1	1	3.80		2.2		2.0	0.96
毛果巴豆	*Croton lachnocarpus*	1	1	3.46		2.1		3.5	0.96

（续）

种名		株数	样方数	胸高断面（cm²）	胸径（m）		树高（m）		重要值（%）
					平均	最大	平均	最高	
岗柃	*Eurya groffii*	1	1	3. 14		2. 0		4. 0	0. 96
细枝柃	*Eurya loquaiana*	1	1	2. 54		1. 8		3. 5	0. 96
厚皮香	*Ternstroemia gymnanthera*	1	1	1. 13		1. 2		2. 5	0. 95
栲	*Castanopsis fargesii*	1	1	1. 13		1. 2		2. 0	0. 95

群落在径级结构方面的显著特点是缺乏大径级个体。据 12 个样方统计，群落中 DBH≥40cm 的大树只有 2 株 2 种，分别为罗浮栲和木荷；20cm≤DBH<40cm 的个体有 22 株 11 种，占总株数的 6. 5%，可见，成年树在本群落中占有较小的比例，进一步说明群落的次生性；5cm≤DBH<20cm 的小树个体有 153 株 43 种，DBH<5cm 的幼树则有 161 株 53 种。

群落灌木层高度在 2m 左右，盖度一般为 40%左右，保护好的林分灌层盖度大些，保护差的则小些。但总体而言，灌层植物组成种类较复杂，优势种不很明显，据 8 个 5m×5m 灌木层样方统计，季风常绿阔叶林群落灌木层植物有 30 种（表 4. 5），主要以罗伞（Ⅳ = 47. 73%）、柏拉木（Ⅳ = 37. 44%）、九节（Ⅳ = 29. 53%）等灌木种类略占优势。

表 4. 5 罗浮栲+木荷+鹅掌柴林灌木层重要值统计

样方大小：5m×5m 样方数：8

种名		株数	样方数	总冠幅（m²）	重要值（%）
罗伞	*Ardisia quinquegona*	50	8	6. 04	47. 73
柏拉木	*Blastus cochinchinensis*	26	5	7. 28	37. 44
九节	*Psychotria asiatica*	29	5	3. 97	29. 53
毛果巴豆	*Croton lachnocarpus*	22	4	1. 01	17. 29
鼎湖血桐	*Macaranga sampsonii*	12	3	2. 37	15. 70
香楠	*Aidia canthioides*	7	2	2. 45	12. 47
尖脉木姜子	*Litsea acutivena*	10	2	1. 52	11. 04
三桠苦	*Melicope Pteleifolia*	8	2	1. 64	10. 63
鹅掌柴	*Schefflera heptaphylla*	9	2	1. 08	9. 47
狗骨柴	*Diplospora dubia*	10	2	0. 78	9. 03
毛冬青	*Ilex pubescens*	7	2	1. 05	8. 66
朱砂根	*Ardisia crenata*	8	3	0. 32	8. 65
黄果厚壳桂	*Cryptocarya concinna*	10	2	0. 60	8. 54
香皮树	*Meliosma fordii*	6	2	0. 60	7. 06
横经席	*Calophyllum membranaceum*	7	2	0. 44	7. 00
郎伞木	*Ardisia hanceana*	6	2	0. 46	6. 68
锐尖山香圆	*Turpinia arguta*	3	1	1. 20	5. 98
茜树	*Aidia cochinchinensis*	5	1	0. 75	5. 49
华润楠	*Machilus chinensis*	5	1	0. 60	5. 08
黄毛冬青	*Ilex dasyphylla*	4	1	0. 60	4. 72

（续）

种名		株数	样方数	总冠幅（m^2）	重要值（%）
野牡丹	*Melastoma malabathricum*	6	1	0.12	4.15
厚壳桂	*Cryptocarya chinensis*	3	1	0.36	3.70
疏花卫矛	*Euonymus laxiflorus*	3	1	0.36	3.70
华杜英	*Elaeocarpus chinensis*	3	1	0.27	3.45
木荷	*Schima superba*	3	1	0.24	3.37
红鳞蒲桃	*Syzygium hancei*	2	1	0.30	3.16
变叶榕	*Ficus variolosa*	3	1	0.06	2.88
硬壳柯	*Lithocarpus hancei*	3	1	0.06	2.88
山檨叶泡花树	*Meliosma thorelii*	1	1	0.12	2.31
猴耳环	*Archidendron clypearia*	1	1	0.09	2.23

群落内草本植物较少，草本层主要由乔灌木的小苗组成，真正的草本主要为蕨类和禾草类，盖度一般仅为20%左右，林缘草本较丰富。据8个2m×2m草本层样方调查统计，共有草本植物14种（表4.6），以莎草科植物头序苔草（*IV*=60.39%）、蕨类植物芒萁（*IV*=48.33%）、双盖蕨（*IV*=43.50%）、扇叶铁线蕨（*IV*=38.57%）、乌毛蕨（*IV*=26.90%）等占较大比例。林中少见附生植物，藤本植物也主要分布于林缘，偶有小叶买麻藤、锡叶藤、玉叶金花、海金沙等分布。

表4.6　罗浮栲+木荷+鹅掌柴林草本层重要值统计

样方大小：2m×2m　样方数：8

种名		株数	样方数	总冠幅（m^2）	重要值（%）
头序苔草	*Carex phyllocephala*	13	6	55	60.39
芒萁	*Dicranopteris pedata*	20	2	40	48.33
双盖蕨	*Diplazium donianum*	12	4	35	43.50
扇叶铁线蕨	*Adiantum flabellulatum*	16	4	13	38.57
乌毛蕨	*Blechnum orientale*	2	2	40	26.90
单叶双盖蕨	*Deparia lancea*	5	2	10	17.25
剑叶凤尾蕨	*Pteris ensiformis*	3	1	10	11.42
珍珠茅	*Scleria levis*	2	2	3	10.60
条穗苔草	*Carex nemostachys*	2	1	5	8.03
花亭苔草	*Carex scaposa*	3	1	2	7.90
团叶鳞始蕨	*Lindsaea orbiculata*	2	1	3	7.15
傅氏凤尾蕨	*Pteris fauriei*	1	1	5	6.84
华南毛蕨	*Cyclosorus parasiticus*	1	1	5	6.84
藤石松	*Lycopodiastrum casuarinoides*	2	1	1	6.27

三、南亚热带山地常绿阔叶林

南亚热带山地常绿阔叶林是本保护区海拔700m以上分布的森林群落类型，也是本保护区植被外貌和结构保存较完整的植被类型，特别是分布于保护区上库南部和西南部的以罗浮栲及厚叶木莲为主的群落，基本在20世纪70年代后没有经过大规模采伐而保存下来，是本地区保存最好的森林群落。这些群落组成种类复杂，以壳斗科、樟科、山茶科、木兰科、金缕梅科等的一些种类为主，但群落高度一般不高，在12m左右，分枝明显，局部沟谷地段树上还常有槲蕨等附生，说明高海拔地区水平降水丰富，林分湿度较大，林下兰科植物种类也较丰富。本亚型包括下述两个群系。

3. 罗浮栲+厚叶木莲+赤楠林

本群系分布于保护区上库的南部和西南部，面积约739.28hm^2，约占保护区总面积的10.48%，是保护区内保存最完整的常绿阔叶林类型，但因地处海拔相对较高的山地，群落高度一般仅为12m左右，分枝明显，冠层较整齐，多呈半球形树冠，外貌常绿，群落郁闭度可达0.9左右，组成种类复杂。

根据16个10m×10m的样方统计(表4.7)，乔木层共有115种912株，密度为5700株/hm^2，数量极大，可见山地常绿阔叶林个体密度一般较大，难以长成大树，平均胸高断面积达34.2cm^2/m^2，以罗浮栲(*IV*=15.93%)、厚叶木莲(*IV*=12.79%)、赤楠(*IV*=11.43%)等为优势种，但优势度不显著，川桂(*IV*=10.88%)、矮冬青(*IV*=10.47%)、假轮叶虎皮楠(*IV*=8.71%)、樟叶泡花树(*IV*=7.39%)、网脉山龙眼(*IV*=7.23%)等也具一定的优势度，只是这些种类多是由于其个体数量占优而成为优势种的。

群落外貌常绿，林冠较整齐，多呈半球形树冠。群落高度一般在12m左右，只有个别可达到16m；群落结构较简单，垂直方向大致可分3层，即乔、灌、草各1层。乔层高度主要集中在8~12m，胸径一般10~15cm，最大胸径可达46.6cm。

表4.7 罗浮栲+厚叶木莲+赤楠林乔木层重要值统计

样方大小：10m×10m 样方数：16

种名		株数	样方数	胸高断面(cm^2)	胸径(m)		树高(m)		重要值(%)
					平均	最大	平均	最高	
罗浮栲	*Castanopsis faberi*	31	10	4437.30	13.5	28.7	7.7	14.0	15.93
厚叶木莲	*Manglietia pachyphylla*	29	9	3244.11	11.9	27.1	7.5	15.0	12.79
赤楠	*Syzygium buxifolium*	56	14	687.48	4.0	10.2	5.0	8.0	11.43
川桂	*Cinnamomum wilsonii*	48	14	833.51	4.7	19.9	5.3	14.0	10.88
矮冬青	*Ilex lohfauensis*	38	8	1871.33	7.9	24.8	5.8	13.0	10.47
假轮叶虎皮楠	*Daphniphyllum subverticillatum*	44	10	537.94	3.9	18.6	4.3	12.0	8.71
樟叶泡花树	*Meliosma squamulata*	18	8	1470.83	10.2	26.8	9.2	13.0	7.39
网脉山龙眼	*Helicia reticulata*	29	13	252.20	3.3	8.6	3.9	6.0	7.23
罗浮柿	*Diospyros morrisiana*	13	9	1105.97	10.4	20.5	8.5	12.0	6.30
密花树	*Myrsine seguinii*	31	5	675.62	5.3	13.0	4.8	8.5	6.24
藜蒴	*Castanopsis fissa*	17	5	1362.01	10.1	17.2	8.2	10.0	6.23

（续）

种名		株数	样方数	胸高断面（cm^2）	胸径（m）		树高（m）		重要值（%）
					平均	最大	平均	最高	
华润楠	*Machilus chinensis*	10	6	1574.77	14.2	23.1	10.9	15.0	6.20
小叶红淡比	*Cleyera parvifolia*	34	6	341.57	3.6	8.1	4.1	7.0	6.10
杨梅	*Myrica rubra*	11	3	1802.79	14.4	27.3	10.0	13.0	6.01
木荷	*Schima superba*	17	5	1165.04	9.3	19.8	7.2	12.0	5.79
栲	*Castanopsis fargesii*	22	6	707.74	6.4	20.3	6.0	12.0	5.59
饶平石楠	*Photinia raupingensis*	10	2	1743.66	14.9	17.2	7.0	7.0	5.50
港柯	*Lithocarpus harlandii*	12	3	1506.19	12.6	27.2	8.8	14.0	5.46
黄樟	*Cinnamomum parthenoxylon*	7	6	1303.86	15.4	27.3	10.7	16.0	5.27
尖叶毛柃	*Eurya acuminatissima*	23	8	204.57	3.4	8.4	4.6	7.5	5.13
鼎湖钓樟	*Lindera chunii*	4	2	1836.04	24.2	36.0	14.3	16.0	5.05
浙江润楠	*Machilus chekiangensis*	6	3	1512.71	17.9	25.4	13.3	15.0	4.82
日本杜英	*Elaeocarpus japonicus*	8	5	1067.99	13.0	25.4	9.7	15.0	4.59
深山含笑	*Michelia maudiae*	12	9	281.65	5.5	21.4	5.9	14.0	4.36
毛锥	*Castanopsis fordii*	3	1	1576.49	25.9	35.0	13.3	14.0	4.09
灰冬青	*Ilex cinerea*	7	2	976.69	13.3	19.7	10.6	12.0	3.47
黄绒润楠	*Machilus grijsii*	16	6	29.71	1.5	2.8	2.8	4.0	3.43
豺皮樟	*Litsea rotundifolia* var. *oblongifolia*	13	7	46.69	2.1	4.2	3.5	5.5	3.41
广东琼楠	*Beilschmiedia fordii*	14	5	220.54	4.5	10.1	4.8	9.5	3.37
厚叶冬青	*Ilex elmerrilliana*	9	6	340.88	6.9	15.9	6.3	10.0	3.36
披针叶杜英	*Elaeocarpus lanceifolius*	13	5	167.79	4.1	11.6	5.3	10.0	3.14
少叶黄杞	*Engelhardtia roxburghiana*	15	4	179.19	3.9	8.5	5.1	8.5	3.12
蚊母树	*Distylium racemosum*	12	1	584.48	7.9	13.0	6.5	10.5	2.88
山乌桕	*Triadica cochinchinensis*	6	5	384.54	9.0	18.1	10.5	14.0	2.85
光叶山矾	*Symplocos lancifolia*	10	6	42.64	2.3	4.9	3.9	6.0	2.80
大叶青冈	*Cyclobalanopsis jenseniana*	3	2	847.60	19.0	34.0	10.3	14.0	2.75
变叶榕	*Ficus variolosa*	9	6	43.79	2.5	3.7	3.8	5.5	2.70
刺叶桂樱	*Laurocerasus spinulosa*	10	5	72.11	3.0	5.4	4.7	7.5	2.60
狗骨柴	*Diplospora dubia*	9	4	212.96	5.5	31.5	5.1	14.0	2.53
冬桃	*Elaeocarpus duclouxii*	4	3	508.70	12.7	26.4	8.3	12.0	2.37
黄丹木姜子	*Litsea elongata*	6	4	285.48	7.8	19.5	6.2	13.0	2.37
烟斗柯	*Lithocarpus corneus*	6	3	370.48	8.9	40.0	4.5	6.0	2.29
黑柃	*Eurya macartneyi*	8	5	20.64	1.8	3.0	2.8	3.5	2.27
罗浮槭	*Acer fabri*	4	1	695.13	14.9	20.6	7.7	10.0	2.25
木姜叶柯	*Lithocarpus litseifolius*	9	4	54.98	2.8	3.7	4.5	6.0	2.18
蕈树	*Altingia chinensis*	5	2	482.10	11.1	46.6	6.1	15.0	2.16
吊钟花	*Enkianthus quinqueflorus*	7	3	232.28	6.5	10.9	5.5	6.0	2.09
绿冬青	*Ilex viridis*	5	3	245.08	7.9	11.7	5.4	7.5	1.90
酸味子	*Antidesma japonicum*	5	4	26.55	2.6	3.2	3.6	3.6	1.68
厚叶素馨	*Jasminum pentaneurum*	7	2	145.41	5.1	12.2	3.8	8.5	1.63
密花山矾	*Symplocos congesta*	6	3	73.53	4.0	12.5	4.8	6.5	1.63

（续）

种名		株数	样方数	胸高断面（cm^2）	胸径（m）		树高（m）		重要值（%）
					平均	最大	平均	最高	
龙眼润楠	*Machilus oculodracontis*	6	2	186.05	6.3	10.3	5.8	8.0	1.61
米锥	*Castanopsis carlesii*	2	2	377.38	15.5	21.7	12.0	12.0	1.59
长花厚壳树	*Ehretia longiflora*	3	3	205.25	9.3	11.5	9.2	10.0	1.59
枫香树	*Liquidambar formosana*	2	2	362.92	15.2	27.6	8.3	12.0	1.56
铁冬青	*Ilex rotunda*	5	2	210.42	7.3	9.5	5.6	6.5	1.55
吊皮锥	*Castanopsis kawakamii*	4	1	366.44	10.8	14.2	9.0	12.0	1.52
华南桂	*Cinnamomum austrosinense*	6	3	22.12	2.2	3.0	3.8	4.5	1.51
硬壳柯	*Lithocarpus hancei*	5	2	192.42	7.0	12.8	6.5	11.0	1.51
毛果巴豆	*Croton lachnocarpus*	6	3	20.45	2.1	3.6	3.7	4.5	1.51
尖脉木姜子	*Litsea acutivena*	5	3	28.63	2.7	4.8	3.8	6.0	1.42
黄牛奶树	*Symplocos cochinchinensis* var. *laurina*	3	1	360.34	12.4	16.1	9.8	14.0	1.40
三花冬青	*Ilex triflora*	5	3	16.66	2.1	3.6	3.4	4.5	1.39
岭南槭	*Acer tutcheri*	5	2	125.80	5.7	9.5	6.7	9.0	1.36
算盘竹	*Indosasa glabrata*	6	2	63.36	3.7	4.3	5.8	7.0	1.34
山杜英	*Elaeocarpus sylvestris*	3	1	313.42	11.5	23.6	11.7	16.0	1.29
秃瓣杜英	*Elaeocarpus glabripetalus*	5	2	68.61	4.2	7.0	4.5	5.0	1.24
细叶青冈	*Cyclobalanopsis myrsinifolia*	5	2	60.96	3.9	6.5	6.4	10.0	1.22
毛冬青	*Ilex pubescens*	3	3	6.03	1.6	1.7	3.0	3.5	1.15
猴欢喜	*Sloanea sinensis*	3	2	96.51	6.4	9.1	5.7	7.5	1.08
红锥	*Castanopsis hystrix*	4	2	43.59	3.7	8.3	4.4	10.0	1.07
野漆	*Toxicodendron succedaneum*	3	2	91.55	6.2	6.9	7.8	9.0	1.07
软荚红豆	*Ormosia semicastrata*	3	2	40.91	4.2	5.0	5.9	6.5	0.96
黄杞	*Engelhardia roxburghiana*	2	2	88.36	7.5	12.5	6.4	10.0	0.95
台湾冬青	*Ilex formosana*	2	2	83.71	7.3	12.9	5.2	8.0	0.94
老鼠矢	*Symplocos stellaris*	3	2	18.47	2.8	3.6	5.5	7.5	0.91
木荚红豆	*Ormosia xylocarpa*	3	1	132.54	7.5	8.9	7.3	9.0	0.89
红楠	*Machilus thunbergii*	3	1	131.36	7.5	9.2	7.2	9.0	0.89
福建青冈	*Cyclobalanopsis chungii*	2	2	54.68	5.9	7.0	7.8	9.5	0.88
红褐柃	*Eurya rubiginosa*	2	2	54.68	5.9	7.4	6.3	7.5	0.88
桃叶石楠	*Photinia prunifolia*	2	2	51.04	5.7	6.9	7.5	8.0	0.87
毛桃木莲	*Manglietia kwangtungensis*	1	1	188.69	15.5	15.5	10.0	10.0	0.80
美丽新木姜	*Neolitsea pulchella*	2	2	11.03	2.7	3.8	5.0	5.5	0.78
短序润楠	*Machilus breviflora*	2	2	7.26	2.2	2.2	3.9	4.3	0.77
厚叶红淡比	*Cleyera pachyphylla*	2	2	6.28	2.0	2.6	3.4	4.0	0.77
锐尖山香圆	*Turpinia arguta*	2	2	4.02	1.6	2.0	2.9	3.2	0.77
厚皮香	*Ternstroemia gymnanthera*	2	2	3.53	1.5	2.0	2.8	3.6	0.76
木莲	*Manglietia fordiana*	2	2	3.53	1.5	1.8	2.4	2.8	0.76
紫玉盘柯	*Lithocarpus uvariifolius*	4	1	15.90	2.3	4.0	3.0	3.5	0.74
荔枝叶红豆	*Ormosia semicastrata* f. *lichiifolia*	1	1	158.37	14.2	14.2	13.0	13.0	0.73

（续）

种名		株数	样方数	胸高断面（cm^2）	胸径（m）		树高(m)		重要值（%）
					平均	最大	平均	最高	
红淡比	*Cleyera japonica*	4	1	8.04	1.6	2.1	2.5	4.0	0.73
谷木叶冬青	*Ilex memecylifolia*	3	1	24.63	3.2	6.8	3.8	8.0	0.65
马尾松	*Pinus massoniana*	1	1	122.72	12.5	12.5	7.0	7.0	0.65
齿叶冬青	*Ilex crenata*	2	1	66.37	6.5	7.9	6.0	6.0	0.64
牛矢果	*Osmanthus matsumuranus*	2	1	16.08	3.2	3.4	4.8	5.5	0.52
阴香	*Cinnamomum burmannii*	1	1	27.34	5.9	5.9	4.5	4.5	0.44
两广梭罗	*Reevesia thyrsoidea*	1	1	22.06	5.3	5.3	6.5	6.5	0.43
马银花	*Rhododendron ovatum*	1	1	18.10	4.8	4.8	4.0	4.0	0.42
石斑木	*Rhphiolepis indica*	1	1	18.10	4.8	4.8	5.5	5.5	0.42
天料木	*Homalium cochinchinense*	1	1	18.10	4.8	4.8	5.5	5.5	0.42
鼎湖血桐	*Macaranga sampsonii*	1	1	12.57	4.0	4.0	3.5	3.5	0.41
赤杨叶	*Alniphyllum fortunei*	1	1	11.95	3.9	3.9	6.5	6.5	0.40
青茶冬青	*Ilex hanceana*	1	1	10.75	3.7	3.7	7.0	7.0	0.40
香楠	*Aidia canthioides*	1	1	9.62	3.5	3.5	4.5	4.5	0.40
柯	*Lithocarpus glaber*	1	1	9.08	3.4	3.4	5.0	5.0	0.40
香叶树	*Lindera communis*	1	1	6.61	2.9	2.9	5.0	5.0	0.39
罗浮杜鹃	*Rhododendron henryi*	1	1	5.31	2.6	2.6	3.5	3.5	0.39
山苍子	*Litsea cubeba*	1	1	4.91	2.5	2.5	5.5	5.5	0.39
虎皮楠	*Daphniphyllum oldhamii*	1	1	4.15	2.3	2.3	6.0	6.0	0.39
鸭公树	*Neolitsea chui*	1	1	3.46	2.1	2.1	4.0	4.0	0.39
厚叶冬青	*Ilex elmerrilliana*	1	1	2.01	1.6	1.6	3.5	3.5	0.38
网脉琼楠	*Beilschmiedia tsangii*	1	1	1.33	1.3	1.3	2.7	2.7	0.38
茜树	*Aidia cochinchinensis*	1	1	1.13	1.2	1.2	3.0	3.0	0.38
米碎花	*Eurya chinensis*	1	1	0.95	1.1	1.1	2.7	2.7	0.38
华杜英	*Elaeocarpus chinensis*	1	1	0.79	1.0	1.0	2.2	2.2	0.38

群落在径级结构方面的特点也是缺乏大径级个体。据 16 个样方统计，群落中 DBH≥40cm 的大树只有 2 株 2 种，即为蕈树和烟斗柯；20cm≤DBH<40cm 的个体有 52 株 28 种，占总株数的 5.7%，可见，成年树在本群落中占有较小的比例，进一步说明南亚热带山地常绿阔叶林群落个体较小的特性；5cm≤DBH<20cm 的小树个体有 348 株 68 种，DBH<5cm 的幼树则有 510 株 83 种。

群落灌木层高度在 2m 左右，盖度一般为 40%左右，组成种类较复杂，优势种不很明显，据 10 个 5m×5m 灌木层样方统计，本区山地常绿阔叶林罗浮栲+厚叶木莲+赤楠林的灌木层植物有 56 种(表 4.8)，华赤竹(Ⅳ=10.24%)、黄绒润楠(Ⅳ=9.95%)、川桂(Ⅳ=9.45%)、樟叶泡花树(Ⅳ=7.93%)、密花山矾(Ⅳ=7.74%)等灌木种类略占优势。

表 4.8 罗浮栲+厚叶木莲+赤楠林灌木层重要值统计

样方大小：5m×5m 样方数：10

种名		株数	样方数	总冠幅(m^2)	重要值(%)
华赤竹	*Sinosasa longiligulata*	45	9	5.40	10.24
黄绒润楠	*Machilus grijsii*	14	4	5.36	9.95
川桂	*Cinnamomum wilsonii*	18	6	1.44	9.45
樟叶泡花树	*Meliosma squamulata*	11	4	2.56	7.93
密花山矾	*Symplocos congesta*	19	3	1.32	7.74
假轮叶虎皮楠	*Daphniphyllum subverticillatum*	12	6	1.085	6.04
黄牛奶树	*Symplocos cochinchinensis* var. *laurina*	21	2	0.84	5.77
狗骨柴	*Diplospora dubia*	10	5	1.32	5.75
白果香楠	*Alleizettella leucocarpa*	7	4	2.05	5.11
山血丹	*Ardisia lindleyana*	8	1	2.88	4.89
酸味子	*Antidesma japonicum*	10	4	1.39	4.55
黄栀子	*Gardenia jasminoides*	9	3	1.68	4.53
罗浮粗叶木	*Lasianthus fordii*	5	5	0.88	4.31
豺皮樟	*Litsea rotundifolia* var. *oblongifolia*	9	4	0.59	3.94
木姜叶柯	*Lithocarpus litseifolius*	6	3	0.65	3.80
光叶山矾	*Symplocos lancifolia*	3	3	0.96	3.72
茜树	*Aidia cochinchinensis*	8	1	0.96	3.31
罗浮柿	*Diospyros morrisiana*	3	2	1.04	3.31
变叶榕	*Ficus variolosa*	4	2	0.80	3.05
毛果巴豆	*Croton lachnocarpus*	3	2	0.80	3.02
腺柄山矾	*Symplocos adenopus*	7	2	0.22	3.00
硬壳柯	*Lithocarpus hancei*	2	2	0.84	2.97
矮冬青	*Ilex lohfauensis*	3	2	0.54	2.93
黄丹木姜子	*Litsea elongata*	3	2	0.48	2.91
厚皮香	*Ternstroemia gymnanthera*	4	2	0.30	2.48
厚叶冬青	*Ilex elmerrilliana*	2	2	0.41	2.47
美丽新木姜	*Neolitsea pulchella*	2	2	0.41	2.07
少叶黄杞	*Engelhardtia roxburghiana*	1	1	0.80	2.07
老鼠矢	*Symplocos stellaris*	4	1	0.36	1.93
短序润楠	*Machilus breviflora*	2	2	0.28	1.93
网脉山龙眼	*Helicia reticulata*	5	1	0.20	1.88
粗枝腺柃	*Eurya glandulosa* var. *dasyclados*	2	2	0.25	1.86
尖叶毛柃	*Eurya acuminatissima*	3	2	0.10	1.76
栲	*Castanopsis fargesii*	1	1	0.56	1.69
野牡丹	*Melastoma malabathricum*	3	1	0.27	1.64
白花苦灯笼	*Tarenna mollissima*	2	1	0.24	1.64
赤楠	*Syzygium buxifolium*	2	1	0.24	1.64
吊钟花	*Enkianthus quinqueflorus*	2	1	0.18	1.61
毛冬青	*Ilex pubescens*	2	1	0.18	1.60
两广梭罗	*Reevesia thyrsoidea*	1	1	0.30	1.55

（续）

种名		株数	样方数	总冠幅(m^2)	重要值(%)
华卫矛	*Euonymus nitidus*	3	1	0.0075	1.52
鹅掌柴	*Schefflera heptaphylla*	1	1	0.25	1.38
黧蒴	*Castanopsis fissa*	2	1	0.08	1.38
厚叶红淡比	*Cleyera pachyphylla*	1	1	0.20	1.38
陷脉石楠	*Photinia impressivena*	1	1	0.20	1.31
三花冬青	*Ilex triflora*	1	1	0.20	1.27
笔管榕	*Ficus subpisocarpa*	2	1	0.045	1.22
小叶红淡比	*Cleyera parvifolia*	2	1	0.04	10.24
红褐柃	*Eurya rubiginosa*	2	1	0.02	9.95
尖脉木姜子	*Litsea acutivena*	1	1	0.15	9.45
变叶树参	*Dendropanax proteus*	1	1	0.09	7.93
广东琼楠	*Beilschmiedia fordii*	1	1	0.09	7.74
罗浮栲	*Castanopsis fabri*	1	1	0.09	6.04
黑柃	*Eurya macartneyi*	1	1	0.06	5.77
刺叶桂樱	*Laurocerasus spinulosa*	1	1	0.04	5.75
密花树	*Myrsine seguinii*	1	1	0.02	2.88

群落内草本植物较少，仅在沟谷地段或林缘地段有较多草本植物分布，草本层盖度一般仅为10%左右，高度一般都在20~50cm。据10个2m×2m草本层样方调查统计，共有草本植物24种(表4.9)，以大型蕨类植物华里白(IV=42.40%)占较大优势，其次为芒萁(IV=37.92%)、淡竹叶(IV=22.07%)、肾蕨(IV=19.90%)、金草(IV=18.82%)、天门冬(IV=17.40%)等。群落藤本植物较少，偶有小叶买麻藤、锡叶藤、暗色菝葜、海金沙等分布。

表4.9 罗浮栲+厚叶木莲+赤楠林草本层重要值统计

样方大小：2m×2m　样方数：10

种名		株数	样方数	总冠幅(m^2)	重要值(%)
华里白	*Diplopterygium chinense*	14	4	65	42.40
芒萁	*Dicranopteris pedata*	20	3	45	37.92
淡竹叶	*Lophatherum gracile*	7	2	35	22.07
肾蕨	*Nephrolepis cordifolia*	10	2	22	19.90
金草	*Hedyotis acutangula*	12	3	8	18.82
天门冬	*Asparagus cochinchinensis*	6	4	11	17.40
华东瘤足蕨	*Plagiogyria japonica*	3	2	20	13.73
暗色菝葜	*Smilax lanceifolia*	6	3	6	13.44
山菅兰	*Dianella ensifolia*	5	3	8	13.35
山姜	*Alpinia japonica*	6	2	8	11.91
华山姜	*Alpinia oblongifolia*	2	2	13	10.52
珍珠茅	*Scleria levis*	5	2	6	10.43
山麦冬	*Liriope spicata*	5	2	4	9.74

（续）

种名		株数	样方数	总冠幅(m^2)	重要值（%）
假蹄盖蕨	*Deparia japonica*	2	1	10	7.26
地稔	*Melastoma dodecandrum*	5	1	1	6.48
花叶山姜	*Alpinia pumila*	3	1	5	6.30
草珊瑚	*Sarcandra glabra*	2	1	5	5.52
刺头复叶耳蕨	*Arachniodes aristata*	2	1	5	5.52
边缘鳞盖蕨	*Microlepia marginata*	3	1	2	5.26
扇叶铁线蕨	*Adiantum flabellulatum*	3	1	1	4.91
团叶鳞始蕨	*Lindsaea orbiculata*	2	1	3	4.83
傅氏凤尾蕨	*Pteris fauriei*	2	1	2	4.48
从化山姜	*Alpinia conghuaensis*	2	1	1	4.13
空心泡	*Rubus rosifolius*	1	1	2	3.70

4. 黧蒴+罗浮栲+毛桃木莲林

本群系主要分布于保护区上库的北部，面积约 734.02hm^2，占保护区总面积的 10.41%，是保护区山地常绿阔叶林的次生林类型，群落高度一般仅为 12m 左右，分枝明显，冠层较整齐，多呈半球形树冠，外貌常绿，群落郁闭度可达 0.8 左右，组成种类较复杂。

根据 14 个 10m×10m 的样方统计(表 4.10)，乔木层共有 75 种 477 株，密度为 3407 株/hm^2，数量较大，可见山地常绿阔叶次生林个体密度也一般较大，群落中个体难以长成大树，平均胸高断面积为 34.2cm^2/m^2，以黧蒴(IV = 24.67%)、罗浮栲(IV = 16.51%)、毛桃木莲(IV = 15.37%)、华润楠(IV = 13.78%)、硬壳柯(IV=11.81%)、深山含笑(IV=11.23%)等为优势种，但优势度不显著，罗浮柿(IV=9.78%)、算盘竹(IV=8.33%)、杨梅(IV=8.09%)、川桂(IV=7.97%)、披针叶杜英(IV=7.25%)等也具一定的优势度，只是这些种类多是由于其个体数量占优而成为优势种的。

群落外貌常绿，林冠较整齐，多呈半球形树冠。群落高度一般在 12m 左右，最高也在 15m 左右；群落结构较简单，垂直方向大致可分 3 层，即乔、灌、草各 1 层。乔层高度主要集中在 8~12m，胸径一般 8~12cm，最大胸径可达 49.7cm。

表 4.10 黧蒴+罗浮栲+毛桃木莲林乔木层重要值统计

样方大小：10m×10m 样方数：14

种名		株数	样方数	胸高断面(cm^2)	胸径(m)		树高(m)		重要值(%)
					平均	最大	平均	最高	
黧蒴	*Castanopsis fissa*	43	5	3664.24	10.4	22.5	5.3	11	24.67
罗浮栲	*Castanopsis faberi*	19	8	1568.61	10.3	33.7	6.6	12	16.51
毛桃木莲	*Manglietia kwangtungensis*	15	4	1481.33	11.2	49.7	7.5	15	15.37

（续）

种名		株数	样方数	胸高断面（cm^2）	胸径（m）		树高（m）		重要值（%）
					平均	最大	平均	最高	
华润楠	*Machilus chinensis*	19	7	1570.22	10.3	26.0	8.5	14.0	13.78
硬壳柯	*Lithocarpus hancei*	27	5	1041.28	7.0	12.4	6.5	9.0	11.81
深山含笑	*Michelia maudiae*	22	9	521.82	5.5	20.0	5.7	13.0	11.23
罗浮柿	*Diospyros morrisiana*	19	7	730.11	7.0	12.1	7.0	9.0	9.78
算盘竹	*Indosasa glabrata*	23	6	234.11	3.6	5.0	6.7	8.0	8.33
杨梅	*Myrica rubra*	10	4	1091.74	11.8	24.7	7.1	8.0	8.09
川桂	*Cinnamomum wilsonii*	13	6	554.47	7.4	15.5	6.1	12.0	7.97
披针叶杜英	*Elaeocarpus lanceifolius*	13	4	627.33	7.8	20.0	6.7	8.5	7.25
港柯	*Lithocarpus harlandii*	8	4	562.59	9.5	30.7	6.7	14.0	6.74
网脉山龙眼	*Helicia reticulata*	15	6	135.12	3.4	6.7	3.6	6.0	6.41
华杜英	*Elaeocarpus chinensis*	9	4	692.79	9.9	17.1	7.9	10.0	6.24
黄丹木姜子	*Litsea elongata*	10	6	229.87	5.4	17.7	6.0	14.0	6.22
山乌桕	*Triadica cochinchinensis*	8	4	748.22	10.9	20.1	5.6	8.0	6.21
两广梭罗	*Reevesia thyrsoidea*	7	3	609.43	10.5	28.9	6.8	12.0	6.19
豺皮樟	*Litsea rotundifolia* var. *oblongifolia*	13	5	199.05	4.4	9.0	5.2	8.0	5.74
厚叶木莲	*Manglietia pachyphylla*	9	3	370.97	7.2	27.2	5.0	14.0	5.72
密花树	*Myrsine seguinii*	8	6	275.77	6.6	10.7	4.7	6.0	5.46
假轮叶虎皮楠	*Daphniphyllum subverticillatum*	11	5	106.38	3.5	7.4	4.5	5.5	4.98
栲树	*Castanopsis fargesii*	3	3	797.71	18.4	24.8	6.0	7.0	4.65
黄樟	*Cinnamomum parthenoxylon*	5	4	439.57	10.6	18.7	6.4	9.0	4.65
少叶黄杞	*Engelhardtia roxburghiana*	7	6	78.79	3.8	9.0	4.3	8.0	4.53
赤楠	*Syzygium buxifolium*	10	4	91.86	3.4	6.7	4.2	6.0	4.28
蕈树	*Altingia chinensis*	6	2	542.89	10.7	15.7	8.7	12.0	4.28
变叶榕	*Ficus variolosa*	9	4	97.93	3.7	8.4	3.9	5.0	4.10
大叶青冈	*Cyclobalanopsis jenseniana*	5	4	332.38	9.2	12.8	6.1	8.0	4.07
樟叶泡花树	*Meliosma squamulata*	6	3	437.31	9.6	12.0	6.6	8.5	4.06
三花冬青	*Ilex triflora*	5	5	53.18	3.7	6.0	3.7	5.3	3.52
米锥	*Castanopsis carlesii*	5	1	470.00	10.9	15.5	8.2	9.0	3.09
厚叶冬青	*Ilex elmerrilliana*	4	4	110.29	5.9	8.9	5.4	7.0	3.08
岭南槭	*Acer tutcheri*	5	3	183.73	6.8	8.2	6.5	7.5	3.00
白楸	*Mallotus paniculatus*	1	1	651.44	28.8	28.8	12.0	12.0	2.71
木姜叶柯	*Lithocarpus litseifolius*	4	3	110.29	5.9	9.8	5.0	7.0	2.61
密花山矾	*Symplocos congesta*	5	3	45.40	3.4	4.6	4.4	5.0	2.57
老鼠矢	*Symplocos stellaris*	5	3	37.74	3.1	5.3	4.6	5.0	2.55
红辣槁树	*Cinnamomum kwangtungense*	4	2	174.37	7.5	11.5	7.1	9.0	2.35
刺叶桂樱	*Laurocerasus spinulosa*	3	3	74.77	5.6	11.1	5.7	7.5	2.34
铁冬青	*Ilex rotunda*	4	2	130.70	6.5	12.2	5.1	6.2	2.32
黄绒润楠	*Machilus grijsii*	4	3	25.97	2.9	4.2	3.5	4.5	2.29
日本杜英	*Elaeocarpus japonicus*	3	3	40.25	4.1	6.2	4.3	5.5	2.14

（续）

种名		株数	样方数	胸高断面（cm^2）	胸径（m）		树高（m）		重要值（%）
					平均	最大	平均	最高	
尖脉木姜子	*Litsea acutivena*	3	3	29.42	3.5	4.2	3.9	5.0	2.09
赤杨叶	*Alniphyllum fortunei*	2	2	140.28	9.5	12.4	8.0	11.0	1.81
紫玉盘柯	*Lithocarpus uvariifolius*	4	2	14.19	2.1	4.0	2.8	4.0	1.80
野含笑	*Michelia skinneriana*	3	1	229.38	9.9	10.2	8.7	9.0	1.80
泡桐	*Paulownia fortunei*	1	1	352.99	21.2	21.2	6.0	6.0	1.77
薄叶山矾	*Symplocos anomala*	2	2	130.08	9.1	9.3	6.5	7.5	1.74
鼎湖钓樟	*Lindera chunii*	2	2	75.87	7.0	11.8	6.3	7.5	1.68
青茶冬青	*Ilex hanceana*	3	2	35.84	3.9	5.2	3.4	4.0	1.67
山苍子	*Litsea cubeba*	2	2	98.03	7.9	8.6	6.0	7.0	1.64
狗骨柴	*Diplospora dubia*	2	2	14.14	3.0	3.2	3.8	4.5	1.37
绿冬青	*Ilex viridis*	2	2	10.21	2.6	3.1	4.5	5.0	1.36
金叶含笑	*Michelia foveolata*	1	1	183.85	15.3	15.3	7.0	7.0	1.24
桃叶石楠	*Photinia prunifolia*	2	1	69.46	6.7	10.0	6.0	7.0	1.15
腺叶桂樱	*Laurocerasus phaeosticta*	1	1	113.10	12.0	12.0	11.0	11.0	1.02
虎皮楠	*Daphniphyllum oldhamii*	2	1	18.16	3.4	3.7	4.7	5.3	0.93
鹅掌柴	*Schefflera heptaphylla*	2	1	8.67	2.4	3.2	3.4	4.0	0.90
厚皮香	*Ternstroemia gymnanthera*	2	1	6.60	2.1	2.7	4.0	5.0	0.90
酸味子	*Antidesma japonicum*	2	1	4.02	1.6	2.0	2.6	2.8	0.89
谷木叶冬青	*Ilex memecylifolia*	1	1	47.78	7.8	7.8	5.0	5.0	0.81
软荚红豆	*Ormosia semicastrata*	1	1	23.76	5.5	5.5	6.0	6.0	0.74
栓叶安息香	*Styrax suberifolius*	1	1	18.86	4.9	4.9	6.0	6.0	0.72
短序润楠	*Machilus breviflora*	1	1	9.62	3.5	3.5	4.0	4.0	0.69
水杨梅	*Adina pilulifera*	1	1	8.55	3.3	3.3	5.5	5.5	0.69
饶平石楠	*Photinia raupingensis*	1	1	4.52	2.4	2.4	3.0	3.0	0.68
黄牛奶树	*Symplocos cochinchinensis* var. *laurina*	1	1	4.15	2.3	2.3	4.2	4.2	0.68
浙江润楠	*Machilus chekiangensis*	1	1	4.15	2.3	2.3	3.0	3.0	0.68
毛果巴豆	*Croton lachnocarpus*	1	1	3.46	2.1	2.1	4.0	4.0	0.68
美丽新木姜	*Neolitsea pulchella*	1	1	3.46	2.1	2.1	3.0	3.0	0.68
青皮木	*Schoepfia jasminodora*	1	1	2.27	1.7	1.7	3.0	3.0	0.67
福建青冈	*Cyclobalanopsis chungii*	1	1	2.01	1.6	1.6	2.8	2.8	0.67
鸭公树	*Neolitsea chui*	1	1	1.54	1.4	1.4	3.0	3.0	0.67
尖叶毛柃	*Eurya acuminatissima*	1	1	1.13	1.2	1.2	2.2	2.2	0.67
鼠刺	*Itea chinensis*	1	5	1.13	1.2	1.2	2.8	2.8	0.67

群落在径级结构方面的特点是缺乏大径级个体。据 16 个样方统计，群落中 DBH≥40cm 的大树只有 1 株 1 种，即为毛桃木莲；20cm≤DBH<40cm 的个体有 44 株 14 种，占总株数的 9.8%，可见，成年树在本群落中占有较小的比例，进一步说明南亚热带山地常绿阔叶林次生林群落个体较小的特性；5cm≤DBH<

20cm 的小树个体有 187 株 48 种，DBH<5cm 的幼树则有 215 株 63 种。

群落灌木层高度在 2m 左右，盖度一般为 60%左右。但总体而言，灌木层植物组成种类较复杂，优势种不很明显，据 4 个 5m×5m 灌木层样方统计，本区山地常绿阔叶林次生林黧蒴+罗浮栲+毛桃木莲林的灌木层植物有 36 种 208 株(表 4.11)，主要是摆竹(IV=70.77%)、华赤竹(IV=21.15%)、网脉山龙眼(IV=16.22%)、黧蒴(IV=15.60%)、变叶榕(IV=12.60%)、川桂(IV=12.59%)、变叶树参(IV=12.28%)、白果香楠(IV=11.95%)等灌木种类或乔木小树略占优势。局部摆竹或华赤竹成片分布，形成林下的单优群落。

表 4.11　黧蒴+罗浮栲+毛桃木莲林灌木层重要值统计

样方大小：5m×5m　样方数：4

种名		株数	样方数	总冠幅(m^2)	重要值(%)
摆竹	*Indosasa shibataeoides*	46	1	29.44	70.77
华赤竹	*Sinosasa longiligulata*	20	2	5.00	21.15
网脉山龙眼	*Helicia reticulata*	11	4	2.38	16.22
黧蒴	*Castanopsis fissa*	17	3	1.30	15.60
变叶榕	*Ficus variolosa*	9	3	1.83	12.60
川桂	*Cinnamomum wilsonii*	7	3	2.43	12.59
变叶树参	*Dendropanax proteus*	10	2	2.45	12.28
白果香楠	*Alleizettella leucocarpa*	6	2	3.45	11.95
谷木叶冬青	*Ilex memecylifolia*	6	2	1.72	9.19
瓜馥木	*Fissistigma oldhamii*	10	1	1.60	9.14
虎皮楠	*Daphniphyllum oldhamii*	5	2	0.87	7.36
山血丹	*Ardisia lindleyana*	3	1	2.40	7.05
黑柃	*Eurya macartneyi*	4	2	0.68	6.58
日本粗叶木	*Lasianthus japonicus*	2	2	1.20	6.44
毛冬青	*Ilex pubescens*	3	2	0.68	6.10
深山含笑	*Michelia maudiae*	3	2	0.36	5.59
黄丹木姜子	*Litsea elongata*	3	2	0.08	5.14
疏花卫矛	*Euonymus laxiflorus*	2	2	0.26	4.95
樟叶泡花树	*Meliosma squamulata*	4	1	0.64	4.73
黄牛奶树	*Symplocos cochinchinensis* var. *laurina*	5	1	0.20	4.51
粗枝腺柃	*Eurya glandulosa* var. *dasyclados*	3	1	0.60	4.18
毛果算盘子	*Glochidion eriocarpum*	4	1	0.24	4.09
绿冬青	*Ilex viridis*	3	1	0.48	3.99
尖脉木姜子	*Litsea acutivena*	3	1	0.36	3.80
酸味子	*Antidesma japonicum*	2	1	0.50	3.54
沈氏十大功劳	*Mahonia shenii*	2	1	0.32	3.26
罗浮柿	*Diospyros morrisiana*	2	1	0.24	3.13
两广梭罗	*Reevesia thyrsoidea*	2	1	0.18	3.03
鸭公树	*Neolitsea chui*	2	1	0.18	3.03
豺皮樟	*Litsea rotundifolia* var. *oblongifolia*	2	1	0.12	2.94

（续）

种名		株数	样方数	总冠幅(m^2)	重要值(%)
罗浮栲	*Castanopsis faberi*	2	1	0.02	2.78
天料木	*Homalium cochinchinense*	1	1	0.20	2.58
毛果巴豆	*Croton lachnocarpus*	1	1	0.16	2.52
二列叶柃	*Eurya distichophylla*	1	1	0.15	2.51
烟斗柯	*Lithocarpus corneus*	1	1	0.06	2.36
密花山矾	*Symplocos congesta*	1	1	0.04	2.33

群落内草本植物较少，仅在沟谷地段或林缘地段有较多草本植物分布，草本层盖度一般仅为20%左右，高度一般都在20~50cm。据4个2m×2m草本层样方调查统计，共有草本植物15种(表4.12)，以大型蕨类植物华里白(IV=52.40%)和山姜(IV=52.32%)占较大优势，其次为大叶苔草(IV=29.23%)、花叶山姜(IV=23.22%)、山菅兰(IV=22.57%)、花葶苔草(IV=18.69%)、肾蕨(IV=15.73%)等。群落藤本植物较少，偶有小叶买麻藤、锡叶藤、菝葜、海金沙等分布。

表4.12 鳖蒴+罗浮栲+毛桃木莲林草本层重要值统计

样方大小：2m×2m 样方数：4

种名		株数	样方数	总冠幅(m^2)	重要值(%)
华里白	*Diplopterygium chinense*	11	2	30	52.40
山姜	*Alpinia japonica*	18	3	16	52.32
广东苔草	*Carex adrienii*	8	2	10	29.23
花叶山姜	*Alpinia pumila*	7	1	10	23.22
山菅兰	*Dianella ensifolia*	5	2	7	22.57
花亭苔草	*Carex scaposa*	5	2	3	18.69
肾蕨	*Nephrolepis cordifolia*	8	1	1	15.73
华山姜	*Alpinia oblongifolia*	2	1	5	12.12
阔鳞鳞毛蕨	*Dryopteris championii*	2	1	5	12.12
山麦冬	*Liriope spicata*	3	1	3	11.42
百球藨草	*Scirpus rosthornii*	1	1	5	10.87
珍珠茅	*Scleria levis*	3	1	2	10.45
边缘鳞盖蕨	*Microlepia marginata*	2	1	3	10.17
扇叶铁线蕨	*Adiantum flabellulatum*	3	1	1	9.48
割鸡芒	*Hypolytrum nemorum*	2	1	2	9.20

四、南亚热带丘陵、山地竹林

竹林是亚热带地区常见的森林植被类型，也是该区重要的经济林种类，一般中亚热带及南亚热带山地以毛竹等散生竹林为主，南亚热带丘陵地则多为青皮竹、粉单竹等丛生竹类。本保护区保留有较大面积的毛竹林，是社区居民的重要经济支柱，有两个群系，即毛竹林和粉单竹+青皮竹林。

5. 毛竹林

保护区的毛竹林主要分布于西北部的古田村、东北部的鱼洞村及下库的小杉村等，面积约 342.18hm^2，约占总面积的 4.85%。根据 11 个 10m×10m 的样方调查(表 4.13)，有毛竹 455 株，IV为 234.19%，占绝对优势，林缘有时混杂有少量的青皮竹等，林内偶有杉木和橄榄等乔木，但数量均较少；毛竹径粗一般在 9cm 左右，最大可达 15.1cm，高度一般在 12m 左右，最高可达 16m。

表 4.13 毛竹林乔木层重要值统计

样方大小：10m×10m 样方数：11

种名	学名	株数	样方数	胸高断面(cm^2)	胸径（m）		树高（m）		重要值(%)
					最大	平均	最大	平均	
毛竹	*Phyllostachys edulis*	455	20	29638.42	15.1	9.1	16	12.0	234.19
青皮竹	*Bambusa textilis*	96	2	6107.26	9.0	9.0	12	12.0	40.42
杉木	*Cunninghamia lanceolata*	8	3	1023.41	22.0	12.8	16	12.5	15.72
橄榄	*Canarium album*	4	2	496.78	21.6	12.6	15	12.8	9.66

本区的毛竹林一般都有村民经营，经常进行除杂施肥等工作，因此，林内一般较空旷，偶有小灌木杂生其间，盖度在 10%左右。据 6 个 5m×5m 灌木层样方统计，本区毛竹林灌木层植物有 14 种 88 株(表 4.14)，主要是玉叶金花(IV=64.94%)、粗叶榕(IV=60.24%)、鹅掌柴(IV=29.98%)、九节(IV=24.66%)、毛稔(IV=20.72%)、白楸(IV=16.96%)、鲫鱼胆(IV=14.57%)、粗叶悬钩子(IV=12.75%)和香叶树(IV=12.75%)等灌木种类或乔木小树略占优势。局部玉叶金花成片分布，形成林下的单优群落。

表 4.14 毛竹林灌木层重要值统计

样方大小：5m×5m 样方数：6

种名		株数	样方数	总冠幅(m^2)	重要值(%)
玉叶金花	*Mussaenda pubescens*	36	2	7.20	64.94
粗叶榕	*Ficus hirta*	11	4	14.25	60.24
鹅掌柴	*Schefflera heptaphylla*	6	3	4.75	29.98
九节	*Psychotria asiatica*	13	1	2.60	24.66
毛稔	*Melastoma sanguineum*	5	2	2.98	20.72
白楸	*Mallotus paniculatus*	3	1	4.32	16.96
鲫鱼胆	*Maesa perlarius*	2	2	1.69	14.57
粗叶悬钩子	*Rubus alceifolius*	2	1	2.88	12.75
香叶树	*Lindera communis*	2	1	2.88	12.75
华紫珠	*Callicarpa cathayana*	4	1	1.44	11.96
赪桐	*Clerodendrum japonicum*	1	2	0.36	10.60
算盘子	*Glochidion puberum*	1	1	1.00	7.61
白背叶	*Mallotus apelta*	1	1	0.36	6.25
桃金娘	*Rhodomyrtus tomentosa*	1	1	0.25	6.02

受人为经营管理影响，毛竹林内草本植物也不多，高度一般在 30cm 左右，盖度在 50%左右。据 4 个 2m×2m 草本层样方调查统计，共有草本植物 13 种(表 4. 15)，以蕨类植物芒萁(Ⅳ = 57. 11%) 和蔓生莠竹(Ⅳ = 53. 88%) 占较大优势，其次为弓果黍(Ⅳ = 34. 76%)、淡竹叶(Ⅳ = 34. 30%)、板蓝根(Ⅳ = 16. 60%)、乌毛蕨(Ⅳ = 16. 35%) 等。

表 4. 15 毛竹林草本层重要值统计

样方大小：2m×2m 样方数：4

种名		株数	样方数	总冠幅(m^2)	重要值(%)
芒萁	*Dicranopteris pedata*	33	2	60	57. 11
蔓生莠竹	*Microstegium fasciculatum*	45	1	50	53. 88
弓果黍	*Cyrtococcum patens*	33	1	20	34. 76
淡竹叶	*Lophatherum gracile*	15	2	30	34. 30
板蓝根	*Strobilanthes cusia*	13	1	5	16. 60
乌毛蕨	*Blechnum orientale*	3	1	20	16. 35
艳山姜	*Alpinia zerumbet*	2	1	20	15. 74
牛筋草	*Eleusine indica*	5	1	10	13. 66
半边旗	*Pteris semipinnata*	3	1	10	12. 43
山麦冬	*Liriope spicata*	3	1	10	12. 43
玉叶金花	*Mussaenda pubescens*	3	1	10	12. 43
海金沙	*Lygodium japonicum*	3	1	5	10. 47
棕叶狗尾草	*Setaria palmifolia*	2	1	5	9. 85

6. 粉单竹+青皮竹林

在本保护区的鱼洞村、小杉村、九曲水村等村边或路旁，有小片带状分布的粉单竹+青皮竹林。面积约为 23. 73hm²，占总面积的 0. 34%。这两种竹类均为丛生竹，为南亚热带丘陵坡地常见的经济竹林，一般每丛有竹 80~100 株，单株径粗前者为 6~8cm，后者 4~6cm，高度都在 12m 左右。林下一般较空旷，偶有粗叶榕、对叶榕、鲫鱼胆、杜茎山等种类分布，盖度在 10%左右；林下草本植物以蔓生锈竹、弓果黍、淡竹叶、假蒌等种类为优势，盖度在 50%左右。

五、南亚热带山顶灌丛草坡

亚热带山顶灌丛草坡是一种偏途顶极群落类型。受气候、土壤等微环境影响，亚热带山顶常分布有以杜鹃花科和越橘科为优势的灌丛类型以及以芒、五节芒、扭黄茅等为特征的禾草类草坡。本保护区拥有多座海拔高于 1000m 的山峰，大部分山顶分布有这些山顶灌丛草坡类型植被。本类型可分为两个群系，即疏齿木荷+红楠+罗浮柿群落和芒萁+地稔+白茅群落，因两者分布面积均较小，合计约有面积 6. 12hm²，因此，在画植被图时仅作为一个图斑处理。

7(1). 疏齿木荷+红楠+罗浮柿群落

本群落分布于亚热带山地常绿阔叶林的上缘，海拔一般在1000m以上地区，外貌暗绿色，树冠不连续，群落高在3m左右，胸径一般在2~4cm；组成种类相对简单，主要以多种杜鹃花科、越橘科和柃木属植物为主，还有疏齿木荷、罗浮柿、矮冬青、云南桤叶树等，盖度一般在70%左右(表4.16)。

表4.16 山顶灌丛林重要值统计

样方大小：5m×5m 样方数：3

种名	学名	株数	样方数	胸高断面(cm^2)	胸径(m)		树高(m)		重要值(%)
					最大	平均	最大	平均	
疏齿木荷	*Schima remotiserrata*	22	3	447.02	12.1	5.1	2.7	2.1	68.15
红楠	*Machilus thunbergii*	5	3	206.98	13.0	7.3	3.8	2.8	29.50
罗浮柿	*Diospyros morrisiana*	10	3	62.90	5.1	2.8	4.2	2.0	20.79
马银花	*Rhododendron ovatum*	13	2	54.37	4.1	2.3	17.0	2.9	19.97
华润楠	*Machilus chinensis*	9	3	50.69	5.5	2.7	3.3	1.8	18.94
罗浮杜鹃	*Rhododendron henryi*	6	2	98.99	8.3	4.6	2.6	1.8	18.51
矮冬青	*Ilex lohfauensis*	6	3	22.46	3.8	2.2	2.8	2.3	13.76
满山红	*Rhododendron mariesii*	7	2	25.92	3.0	2.2	1.8	1.4	12.47
粗枝腺柃	*Eurya glandulosa* var. *dasyclados*	9	1	23.76	2.7	1.8	2.0	1.5	11.74
吊钟花	*Enkianthus quinqueflorus*	4	2	11.64	2.7	1.9	2.0	1.7	8.90
腺叶桂樱	*Laurocerasus phaeosticta*	3	2	21.21	4.5	3.0	11.0	4.8	8.79
格药柃	*Eurya muricata*	3	2	3.39	1.6	1.2	1.2	1.1	7.36
老鼠矢	*Symplocos stellaris*	1	1	44.18	7.5	7.5	4.0	4.0	6.17
紫花杜鹃	*Rhododendron mariae*	3	1	10.72	3.0	2.1	2.0	1.6	5.64
鼠刺	*Itea chinensis*	2	1	17.63	4.2	3.4	2.2	1.5	5.28
乌饭树	*Vaccinium bracteatum*	1	1	13.85	4.2	4.2	2.5	2.5	4.08
山苍子	*Litsea cubeba*	2	1	1.01	1.1	0.8	0.8	0.7	4.06
刺毛杜鹃	*Rhododendron championiae*	1	1	8.55	3.3	3.3	2.0	2.0	3.72
柿树	*Diospyros kaki*	1	1	4.52	2.4	2.4	1.6	1.6	3.44
变叶榕	*Ficus variolosa*	1	1	3.14	2.0	2.0	1.6	1.6	3.34
云南桤叶树	*Clethra delavayi*	1	1	1.54	1.4	1.4	1.1	1.1	3.23
三花冬青	*Ilex triflora*	1	1	1.13	1.2	1.2	0.8	0.8	3.21
少花柏拉木	*Blastus pauciflorus*	1	1	1.13	1.2	1.2	1.2	1.2	3.21
厚叶素馨	*Jasminum pentaneurum*	1	1	0.79	1.0	1.0	1.2	1.2	3.18
米碎花	*Eurya chinensis*	1	1	0.50	0.8	0.8	0.6	0.6	3.16
北江荛花	*Wikstroemia monnula*	1	1	0.28	0.6	0.6	0.8	0.8	3.15
天料木	*Homalium cochinchinense*	1	1	0.13	0.4	0.4	0.6	0.6	3.14
白花灯笼	*Clerodendrum fortunatum*	1	1	0.07	0.3	0.3	0.7	0.7	3.13

7(2). 芒萁+地稔+白茅群落

在保护区各山峰的最高处，分布有小片状的草坡，这是植物对微环境长期适应的结果，组成种类还比较复杂，盖度一般在80%以上，高度在20~40cm，根据3个2m×2m的样方调查统计(表4.17)，样方内有草本植物18种，常见种类有芒萁(Ⅳ=67.65%)、地稔(Ⅳ=35.83%)、白茅(Ⅳ=27.93%)、乌毛蕨(Ⅳ=22.02%)、弓果黍(Ⅳ=18.46%)、罗星草(Ⅳ=16.80%)、粗叶耳草(Ⅳ=14.50%)等。

表4.17　山顶草坡草本层重要值统计

样方大小：2m×2m　样方数：3

种名		株数	样方数	总冠幅(m^2)	重要值(%)
芒萁	*Dicranopteris pedata*	165	2	45.0	67.65
地稔	*Melastoma dodecandrum*	25	3	50.0	35.83
白茅	*Imperata Cylindrica*	57	1	25.0	27.93
乌毛蕨	*Blechnum orientale*	1	1	50.0	22.02
弓果黍	*Cyrtococcum patens*	54	1	1.0	18.46
罗星草	*Canscora androgra phioides*	21	2	10.5	16.80
粗叶耳草	*Hedyotis verticillata*	10	3	2.0	14.50
毛麝香	*Adenosma glutinosum*	9	2	10.0	13.42
刺芒野古草	*Arundinella setosa*	6	1	20.0	12.52
芒	*Miscanthus sinensis*	3	1	20.0	11.72
少花柏拉木	*Blastus pauciflorus*	6	2	1.0	10.81
狗脊	*Woodwardia japonica*	3	2	1.5	8.75
纤毛鸭嘴草	*Ischaemum ciliare*	5	1	10.0	8.65
菝葜	*Smilax china*	3	1	10.0	8.11
锈毛莓	*Rubus reflexus*	3	1	5.0	6.31
小蓬草	*Erigeron canadensis*	2	1	5.0	6.04
岭南来江藤	*Brandisia swinglei*	1	1	4.0	5.41
十字薹草	*Carex cruciata*	1	1	2.0	4.69

六、人工林

保护区内人工林面积较小，主要有两种类型，即小面积的湿地松林和尾叶桉林。前者主要为水电站建设时造成水土流失区的复绿工程，后者则为商品林。

8. 湿地松林

湿地松林主要分布于保护区上下水库的路边山坡、下库至上库公路的边坡、官洞村后山等地段，面积约为27.09hm²。根据12个10m×10m的样方统计，保护区内的湿地松林约有乔木种类15种147株，以湿地松(Ⅳ=177.07%)占绝对优势，树高一般在17m左右，胸径平均18.6cm，一般种植了20年左右。其他乔木种类有鹅掌柴、木荷、山乌桕、阴香、华杜英等(表4.18)，这些乡土树种一般还处于演替早期，树高在4~8m，胸径4~8cm，随着受保护时间的推移，会有更多的乡土阔叶树杂入林内，逐渐向针阔叶混交林方向演替，并最终取代湿地松，成为顶极群落常绿阔叶林类型。

表 4.18　湿地松林乔木层重要值统计

样方大小：10m×10m　样方数：12

种名		株数	样方数	胸高断面（cm^2）	胸径(m)		树高（m）		重要值（%）
					平均	最大	平均	最高	
湿地松	*Pinus elliottii*	85	9	23101.73	18.6	29.6	16.9	22.0	177.07
鹅掌柴	*Schefflera heptaphylla*	29	4	447.20	4.4	9.0	4.8	8.0	32.27
木荷	*Schima superba*	5	4	165.92	6.5	14.2	6.0	12.0	14.80
三桠苦	*Melicope pteleifolia*	5	4	52.60	3.7	4.5	5.0	5.0	14.14
山乌桕	*Tradica cochinchinese*	5	3	75.34	4.4	8.4	5.2	8.0	11.65
阴香	*Cinnamomum burmannii*	5	3	49.21	3.5	5.6	3.5	5.0	11.51
白楸	*Mallotus paniculatus*	4	3	33.18	3.3	4.0	3.5	4.0	10.75
罗浮柿	*Diospyros morrisiana*	2	1	15.10	3.1	3.6	5.5	6.0	4.05
黄毛榕	*Ficus esquiroliana*	1	1	58.09	8.6	8.6	5.0	5.0	3.54
杉木	*Cunninghamia lanceolata*	1	1	50.27	8.0	8.0	5.0	5.0	3.51
尖连蕊茶	*Camellia cuspidata*	1	1	12.57	4.0	4.0	4.0	4.0	3.36
华杜英	*Elaeocarpus chinensis*	1	1	11.34	3.8	3.8	4.0	4.0	3.36
三花冬青	*Ilex triflora*	1	1	6.16	2.8	2.8	3.0	3.0	3.34
野漆	*Toxicodendron succedaneum*	1	1	6.16	2.8	2.8	4.0	4.0	3.34
黄毛楤木	*Aralia decaisneana*	1	1	5.31	2.6	2.6	2.5	2.5	3.33

湿地松林下灌木种类较丰富，根据 4 个 5m×5m 样方统计，湿地松林灌木层有植物 27 种 104 株，密度较大，种类也较丰富，优势种不明显，常见的种类有鹅掌柴（IV = 33.11%）、野漆（IV = 23.53%）、油茶（IV = 21.44%）、牡荆（IV = 17.88%）、阴香（IV = 16.77%）、天香藤（IV = 14.27%）、白楸（IV = 13.80%）、银柴（IV = 13.67%）、马樱丹（IV = 13.26%）等，灌层盖度在 60%左右（表 4.19）。

湿地松林下草本植物不多，主要以芒萁、乌毛蕨、扇叶铁线蕨等蕨类植物和芒、纤毛鸭嘴草、淡竹叶等禾草类植物为主，盖度一般在 30%左右，高度在 30cm 左右。群落藤本植物也较少，偶见玉叶金花、百眼藤、海金沙等。

表 4.19　湿地松林灌木层重要值统计

样方大小：5m×5m　样方数：4

种名		株数	样方数	总冠幅（m^2）	重要值（%）
鹅掌柴	*Schefflera heptaphylla*	13	2	13.02	33.11
野漆	*Toxicodendron succedaneum*	6	2	10.32	23.53
油茶	*Camellia oleifera*	11	1	7.04	21.44
牡荆	*Vitex negundo* var. *cannabifolia*	8	1	6.40	17.88
阴香	*Cinnamomum burmannii*	4	1	9.00	16.77
天香藤	*Albizia corniculata*	6	1	4.80	14.27
白楸	*Mallotus paniculatus*	2	1	8.00	13.80
银柴	*Aporosa dioica*	8	1	2.40	13.67
马樱丹	*Lantana camara*	6	1	3.84	13.26
粗叶榕	*Ficus hirta*	4	1	4.00	11.51

（续）

种名		株数	样方数	总冠幅(m²)	重要值(%)
桃金娘	*Rhodomyrtus tomentosa*	5	1	1.80	10.15
枇杷叶紫珠	*Callicarpa kochiana*	2	1	4.00	9.58
算盘子	*Glochidion puberum*	2	1	4.00	9.58
小叶买麻藤	*Gnetum parvifolium*	3	1	2.16	8.61
鸭公树	*Neolitsea chui*	2	1	2.40	7.90
鲫鱼胆	*Maesa perlarius*	2	1	2.00	7.48
毛八角枫	*Alangium kurzii*	2	1	2.00	7.48
白背叶	*Mallotus apelta*	3	1	1.08	7.47
飞龙掌血	*Toddalia asiatica*	3	1	0.60	6.96
了哥王	*Wikstroemia indica*	3	1	0.48	6.84
山苍子	*Litsea cubeba*	1	1	2.25	6.78
玉叶金花	*Mussaenda pubescens*	2	1	0.60	6.00
毛冬青	*Ilex pubescens*	2	1	0.12	5.50
黄毛榕	*Ficus esquiroliana*	1	1	1.00	5.46
梅叶冬青	*Ilex asprella*	1	1	0.80	5.25
毛果算盘子	*Glochidion eriocarpum*	1	1	0.56	5.00
粗叶悬钩子	*Rubus alceifolius*	1	1	0.30	4.73

9. 尾叶桉林

尾叶桉林主要分布于保护区北部入口左侧山头、苏坑村后山及保护区东端局部山谷等，全区合计有尾叶桉面积约194.07hm²，约占总面积的2.75%。其中，位于入口处附近的桉树林应为20世纪80年代十年绿化广东时的产物，树高已达22m以上，平均胸径可达25cm，最大达28.2cm，但数量较少，建议不作处理，任其自然演替到常绿阔叶林类型(表4.20)；位于苏坑村的尾松桉林则还有经营管理的痕迹，属商品林，树高一般在11m左右，平均胸径在9cm左右，建议保护区根据广东省最新的关于森林和陆生野生动物类型保护区管理规定，尽快安排采伐，然后种植乡土阔叶树种，促进林分向地带性森林群落类型演替，并纳入生态公益林管理；对于东部背向山谷高海拔地段的桉树林，因其海拔高度较高，不适应尾叶桉生长，其林分目前生长一般，可让其自然淘汰，林分自然演替到常绿阔叶林类型。

表4.20　尾叶桉林乔木层重要值统计

样方大小：10m×10m　样方数：12

种名		株数	样方数	胸高断面(cm²)	胸径(m)		树高(m)		重要值(%)
					平均	最大	平均	最高	
尾叶桉	*Eucalyptus urophylla*	236	12	14036.28	8.7	28.2	9.0	28	249.85
鹅掌柴	*Schefflera heptaphylla*	5	3	83.10	4.6	6.0	5.2	6	17.49
黄杞	*Engelhardia roxburghiana*	3	1	360.34	12.4	16.3	11.3	12	8.38
银柴	*Aporosa dioica*	2	1	200.57	11.3	18.6	8.0	10	7.37
木荷	*Schima superba*	1	1	81.71	10.2	10.2	8.0	8	5.85
亮叶猴耳环	*Archidendron lucidum*	1	1	28.27	6.0	6.0	8.0	8	5.56

尾叶桉林下灌木种类多为本地带灌草丛常见种类，根据 9 个 5m×5m 样方统计，尾叶桉林灌木层有植物 19 种 198 株，密度较大，但优势种不明显，常见的种类有山乌桕(IV = 51.71%)、白楸(IV = 47.11%)、黄毛榕(IV = 33.38%)、鹅掌柴(IV = 31.42%)、桃金娘(IV = 23.34%)、摆竹(IV = 21.44%)、毛果算盘(IV = 11.38%)、三桠苦(IV = 10.71%)、岗柃(IV = 10.50%)等，灌层盖度在 50%左右(表 4.21)。

表 4.21　尾叶桉林灌木层重要值统计

样方大小：5m×5m　样方数：9

种名		株数	样方数	总冠幅(m^2)	重要值(%)
山乌桕	*Sapium discolor*	34	7	29.30	51.71
白楸	*Mallotus paniculatus*	31	8	22.04	47.11
黄毛榕	*Ficus esquiroliana*	16	4	24.67	33.38
鹅掌柴	*Schefflera heptaphylla*	29	5	9.66	31.42
桃金娘	*Rhodomyrtus tomentosa*	14	4	11.80	23.34
摆竹	*Indosasa acutiligulata*	11	1	19.80	21.44
毛果算盘子	*Glochidion eriocarpum*	9	2	4.04	11.38
三桠苦	*Melicope pteleifolia*	11	2	1.64	10.71
岗柃	*Eurya groffi*	8	2	3.51	10.50
粗叶榕	*Ficus hirta*	9	2	1.74	9.77
算盘子	*Glochidion puberum*	4	3	2.24	9.59
黄毛楤木	*Aralia decaisneana*	6	3	0.60	9.45
米碎花	*Eurya chinensis*	4	1	2.80	5.98
银柴	*Aporosa dioica*	3	1	3.00	5.62
木蜡树	*Toxicodendron sylvestre*	5	1	1.00	5.23
黄杞	*Engelhardia roxburghiana*	1	1	1.80	3.77
野漆	*Toxicodendron succedaneum*	1	1	1.44	3.51
梅叶冬青	*Ilex asprella*	1	1	1.00	3.21
山苍子	*Litsea cubeba*	1	1	0.56	2.90

尾叶桉林下草本植物一般较少，主要以蔓生莠竹(IV=71.90%)、芒萁(IV=61.38%)、乌毛蕨(IV=39.20%)、类芦(IV=26.67%)、芒(IV=18.78%)、锈毛莓(IV=17.99%)等蕨类和禾草类植物为主，盖度一般在 30%左右，高度在 30cm 左右。群落藤本植物也较少，偶见玉叶金花、酸藤子、海金沙等(表 4.22)。

表 4.22　尾叶桉林草本层重要值统计

样方大小：2m×2m　样方数：9

种名		株数	样方数	总冠幅(m^2)	重要值(%)
蔓生莠竹	*Microstegium fasciculatum*	111	4	120	71.90
芒萁	*Dicranopteris pedata*	123	3	60	61.38
乌毛蕨	*Blechnum orientale*	8	4	130	39.20

（续）

种名		株数	样方数	总冠幅(m^2)	重要值(%)
类芦	*Neyraudia reynaudiana*	6	4	70	26.67
芒	*Miscanthus sinensis*	9	4	25	18.78
锈毛莓	*Rubus reflexus*	9	4	21	17.99
半边旗	*Pteris semipinnata*	7	2	15	10.73
粽叶芦	*Thysanolaena latifolia*	2	2	15	9.04
傅氏凤尾蕨	*Pteris fauriei*	3	1	10	5.69
山麦冬	*Liriope spicata*	2	1	10	5.35
五节芒	*Miscanthus floridulus*	1	1	10	5.02
扇叶铁线蕨	*Adiantum flabellulatum*	3	1	5	4.70
假臭草	*Praxelis clematidea*	5	1	1	4.58
石芒草	*Arundinella nepalensis*	2	1	5	4.36
蕨	*Pteridium aquilinum* var. *latiusculum*	1	1	5	4.03
胜红蓟	*Ageratum conyzoides*	3	1	1	3.91
粗叶悬钩子	*Rubus alceifolius*	1	1	2	3.43
土牛膝	*Achyranthes aspera*	1	1	1	3.24

七、经济林

在保护区的北部、东部等与周边社区接壤的山坡地，分布有不少块状的经济林园，主要类型有油茶园、柑橘园、柚园、梅园、桃园等多种类型，合计面积约有201.5hm^2，占总面积的2.86%。这些经济林园大部分经营管理良好，林下较空旷，存在一定的水土流失现象，建议根据新的保护区管理规定，将这些区域划定为社区居民的生产生活区，让社区居民共享改造开放成果的同时，不影响保护区的保护与管理。

八、园林绿地

在保护区内还有不少片状分布的园林绿地，这是蓄能电站建设时考虑电厂的绿化美化需要而设立的，主要是各类行道树加台湾草组成的稀树草坡形式，目前管理良好，可保持现状。

九、农作物

在保护区管理处外，水电站还辟有一定面积的菜地，种植蔬菜供电厂职工食用，面积约为4.5hm^2，种植有茄子、蔬菜、豆角、芋头、西红柿等各式蔬菜。

第五节 监测固定样地群落分析

为开展森林生物多样性监测，2017年至2018年陈禾洞省级自然保护区完成了森林生物多样性固定监测样地建设项目，重点针对代表性的常绿阔叶林生态系统，建设永久性植被样地，初步建成了保护区关键的科研监测体系基础平台。在保护区内共建立了 2 块 $1hm^2$ 样地，12 块 $0.16hm^2$ 样地。通过建立典型森林类型的植物永久样地，监测和评估森林生态系统发展过程，主要目的是监测典型群落的组成结构、物种多样性变化及群落生物量的变化等；并了解珍稀濒危和保护物种分布区的群落数据，建立长期生物多样性变化监测点和相应的数据库，为保护区的管理、保护和生态环境建设、生态旅游、社区居民生活改善及可持续发展提供决策依据和科技支撑。本书重点介绍 2 块 $1hm^2$ 样地的情况。

一、固定样地主要信息

2017 年 6 月至 2018 年 7 月建立的 14 个固定监测样地主要信息如表 4.23 所示。

表 4.23　14 个固定监测样地主要信息表

样地号	经度(E)	纬度(N)	海拔(m)	坡向(°)	坡度(°)	坡位	郁闭度(%)	面积(m^2)
1701	113°54′45.27″	23°45′3.14″	846	26.19	37	山谷	95	10000
1702	113°55′47.36″	23°44′41.55″	827	219.99	32	下	90	10000
1703	113°54′40.74″	23°44′26.94″	811	126.31	17	山谷	95	1600
1704	113°54′46.38″	23°44′24.9″	833	4.10	18	下	90	1600
1705	113°55′11.16″	23°45′12.96″	763	0.40	28	中	70	1600
1706	113°56′14.46″	23°45′50.06″	555	230.28	35	上	90	1600
1707	113°57′3.37″	23°46′7.58″	376	18.95	42	中	95	1600
1708	113°57′18.3″	23°44′54.18″	358	249.51	38	下	95	1600
1709	113°57′47.67″	23°45′23.85″	343	259.89	41	中	95	1600
1710	114°0′27.96″	23°47′1.07″	524	323.41	28	中	85	1600
1711	113°58′18.38″	23°47′36.51″	323	32.33	39	中	95	1600
1712	113°52′14.82″	23°44′48.31″	359	251.71	32	下	95	1600
1713	113°52′17.18″	23°44′39.27″	352	302.22	42	下	90	1600
1714	113°52′14.42″	23°44′26.10″	384	260.50	36	中	95	1600

二、样地建设与植物调查监测方法

1. 样地建设方案

（1）群落样地数量

在陈禾洞典型常绿阔叶林内设置固定监测样地，共设立 14 个固定样地，其中 2 个固定样地面积为 $1hm^2$（100m×100m），12 个固定样地面积为 $0.16hm^2$（40m×40m），所有样地共 $3.92hm^2$。2 个 $1hm^2$ 固定样地在最典型的常绿阔叶林植被类型中建立，其他 12 个 $0.16hm^2$ 固定样地沿不同海拔梯度或在代表性植物群落中建立，以反映保护区不同典型植被类型的差异。

（2）样地调查规范与方法

①样地调查技术规范　严格参照 2015 年发布的广东省地方标准《自然保护区维管束植物多样性调查与监测技术规范》，及最新的美国史密森研究院热带林研

究所 CTFS 的长期固定样地监测规范，以便与国际国内先进方法接轨。

②样地设置原则　对所调查林分作全面踏查，掌握林分的特点，在同一样点上选出具有代表性的林分与特征基本一致的地段设置样地；样地不能跨越河流、道路或采伐道，且应远离林缘(至少应距林缘为 1 倍林分平均高的距离)；样地必需设置在同一林分内，不能跨越林分；样地设在混交林中时，其树种、林分密度分布应该基本上是均匀的。

③样地形状与面积　样地形状：以方形(长方形或正方形)为宜，原则上样地的最小边长应大于该地段优势树木的树高。样地面积：除 1hm^2 样地外，统一为 0.16hm^2，样地内划分为 4 个 20m×20m 的小样方(图 4.1)。

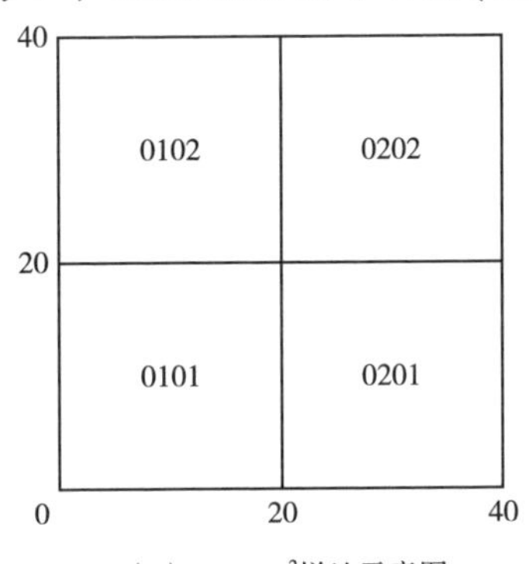

(a) 0.16 hm^{2}样地示意图

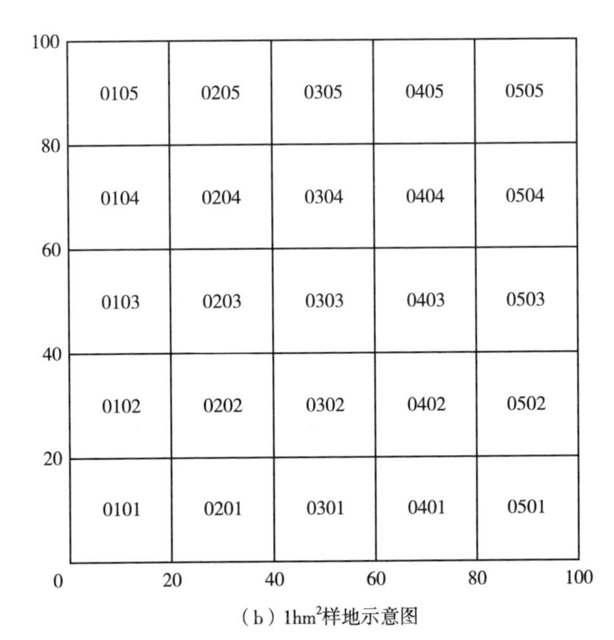

(b) 1hm^{2}样地示意图

图 4.1　样地示意图

④样地围取　以样地的西南角(即样地图示表示的西南角)为起点，顺时针方向用罗盘仪测角，皮尺量距离(不得用视距)。按照国际上通用的做法，本方案统一以水平投影面积为基础计算森林生物多样性、生物量和土壤碳储量等。样地的每个20m×20m基本样方单元都要设水泥桩，其他每个10m×10m的基本样方单元都要设70cm的PVC管；所有的桩标露出林地足够的高度以增加可见度，并利用GPS对样地进行定位。

⑤样地信息　样地确定后，标记其所处的地点，记录样地的坐标、坡向、坡度、坡位、海拔、方位及在林分中的相对位置，并将样地设置的大小、形状在样地调查表上按比例绘制略图。样地经纬度记录统一采用度分秒格式，保存GPS设备中的样地和途经路线定位数据，以便复查、核查。

对能够反映样地的地理和植被典型特征的视觉景象进行拍照，现场记录相片编号，回到住地后对该照片按样地编号进行重新命名保存。

记录森林植被类型、群落名称、群落高度、郁闭度、林龄，演替类型及阶段，受人为活动干扰类型及干扰程度等信息。在人工林调查过程中，可通过访问获取造林的措施和经营活动等情况以便用于后续分析。

⑥乔灌木层调查　规定胸高直径(距离树干基部1.3m处的直径)大于或等于1.0cm(胸径≥1.0cm)作为起测胸径；样地内所有胸径≥1.0cm的乔灌木，都必须逐一鉴别其种类，测定胸径和树高、枝下高及树木在样地内的相对坐标位置等信息。

胸径1cm以上的全部植物都要测量，并用包胶皮铜线挂唯一8位编号的铝制标牌，编号信息包括样地号、样方号、树号等。

样方中所有调查植株均需在胸径处用红油漆进行圈记，以备样地复查时测量同一位置。

为避免漏测或重复测量，测树应从样地的西南角样方为起点，朝东顺时针测定。为便于复查，钉子和编号的铝质标签的位置钉于胸径以上20cm处。铝钉钉入深度只要能固定标签即可，钉头斜向下，再将铜线穿过标牌挂在钉子上，保证树木生长后仍能看见标签。

⑦草本层调查　草本层定义为：所有草本植物、胸径<1.0cm的乔木幼苗和灌木。

按均匀布点，每个10m×10m取一个草本层小样方，即1hm^{2}样地调查100个1m×1m的草本层小样方，0.16hm^{2}样地调查16个1m×1m的草本层小样方，每个草本层小样方取点如图4.2所示(以20m×20m的样方为例)。草本层记录所有胸径<1.0cm植物的名称、平均高度及盖度。

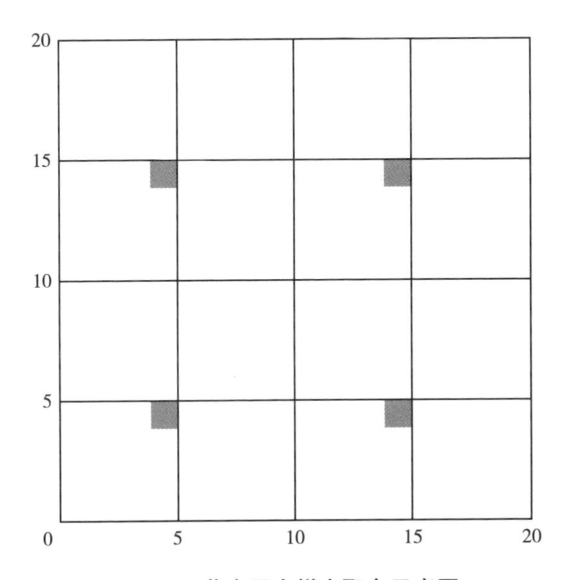

图 4.2 草本层小样方取点示意图

注：示意图以 20m×20m 的样方为例。

三、样地基本情况

本次建立的 2 个 1hm² 样地都位于保护区海拔较高(800m 以上)的上水库周边，是陈禾洞最具代表性的常绿阔叶林，属南亚热带山地常绿阔叶林类型。其中，1701 号样地位于从下库到上库的路途中，海拔约 846m，坡向西北，坡度约 37°，林分郁闭度约 0.95；1702 号样地位于上库东北侧，海拔 827m，坡向东南，坡度 32°，林分郁闭度约为 0.90。

1701 号样地内树种较其他样地更为丰富，接近山顶部分林分郁闭度逐渐增大。样地乔灌层中共记录到胸径≥1cm 的植株 5438 株，其中存活的植株 5116 株，萌条 648 株，分枝株 713，枯立木 322 株。该样地以樟科、壳斗科为优势科，以假轮叶虎皮楠、网脉山龙眼、黄心树、粗脉桂等为优势种，林下植被有大量的弯羽鳞毛蕨和白果香楠等。

1702 号样地建立在水库附近，乔灌层中共记录到胸径≥1cm 的植株 9150 株，其中存活的植株 8776 株，萌条 1383 株，分枝 860 株，枯立木 374 株。该样地记录到的植株数量最多，郁闭度较高。优势种为粗脉桂 *Cinnamomum validinerve*、罗浮锥 *Castanopsis faberi*、木荷 *Schima superba* 和罗浮柿 *Diospyros morrisiana* 等，林下植被以罗浮锥、鳖蒴锥为主，珍稀濒危植物记录到保护植物巴戟天。

根据群落重要值最大的 2 个物种对群落类型进行命名，这两个样地均属于罗浮锥+粗脉桂群落，以罗浮锥、粗脉桂、罗浮柿、深山含笑 *Michelia maudiae* 等为主要优势种。

四、样地群落物种组成

1. 样地植物种类

所有 14 个样地中，除待鉴定的植株 26 种，共记录到物种 442 种，隶属 97 科 219 属，包括蕨类植物 15 科 21 属 29 种、裸子植物 3 科 3 属 4 种、单子叶植物 7 科 19 属 26 种和双子叶植物 72 科 176 属 383 种。仅在乔灌层出现的种有 140 种，分别属于 43 科 85 属；仅在草本层出现的种有 122 种，分属于 56 科 95 属。

乔灌层中，除待鉴定的植株 21 种，共记录到物种 320 种，隶属 63 科 142 属，包括裸子植物 3 科 3 属 3 种、单子叶植物 1 科 1 属 1 种和双子叶植物 59 科 138 属 316 种。

草本层中，除待鉴定的植株 5 种，共记录到物种 302 种，隶属 85 科 175 属，包括蕨类植物 15 科 21 属 29 种、裸子植物 1 科 1 属 2 种、单子叶植物 7 科 19 属 26 种和双子叶植物 62 科 134 属 244 种。下面重点介绍两个 1hm^2 样地的情况(表 4.24)。

表 4.24　2 个 1hm^2 样地物种组成

样地	类别	总体			乔灌层			草本层		
		科	属	种	科	属	种	科	属	种
1701	蕨类植物	6	7	8	0	0	0	6	7	8
	裸子植物	1	1	1	1	1	1	0	0	0
	单子叶植物	5	11	14	0	0	0	5	11	14
	双子叶植物	50	108	200	42	84	162	42	76	113
	合计	62	127	223	43	85	163	53	94	135
	未鉴定	6	6	6	6	6	6	0	0	0
1702	蕨类植物	6	6	6	0	0	0	6	6	6
	裸子植物	1	1	1	1	1	1	1	1	1
	单子叶植物	4	9	13	0	0	0	4	9	13
	双子叶植物	49	100	172	40	79	145	36	69	104
	合计	60	116	192	41	80	146	47	85	124
	未鉴定	6	6	7	6	6	6	0	0	1

①1701 样地中，除待鉴定的植株 6 种，共记录到植物 223 种，隶属于 62 科 127 属，包括蕨类植物 6 科 7 属 8 种、裸子植物 1 科 1 属 1 种、单子叶植物 5 科 11 属 14 种和双子叶植物 50 科 108 属 200 种。样地以樟科、壳斗科为优势科，以假轮叶虎皮楠、网脉山龙眼、黄心树、粗脉桂等为优势种，林下植被常有大量的弯羽鳞毛蕨和白果香楠等。

乔灌层中，除待鉴定的植株 6 种，共记录到物种 163 种，隶属于 43 科 85

属，包括裸子植物1科1属1种、双子叶植物42科84属162种。

草本层中，共记录到物种135种，隶属53科94属，包括蕨类植物6科7属8种、单子叶植物5科11属14种和双子叶植物42科76属113种。

②1702样地中，除待鉴定的植株7种，共记录到物种192种，隶属60科116属，包括蕨类植物6科6属6种、裸子植物1科1属1种、单子叶植物4科9属13种和双子叶植物49科100属172种。样地以粗脉桂、罗浮栲、木荷、罗浮柿等为优势种，林下植物以罗浮栲、黧蒴栲为主。

乔灌层中，除待鉴定的植株6种，共记录到物种146种，隶属41科80属，包括裸子植物1科1属1种和双子叶植物40科79属145种。

草本层中，共记录到物种124种，隶属47科85属，包括蕨类植物6科6属6种、裸子植物1科1属1种、单子叶植物4科9属13种和双子叶植物36科69属104种。

2. 物种多度分布

所有样地乔灌层中，数量最多的树种为粗脉桂 *Cinnamomum validinerve*，共1081株，密度272.98株/hm^2；其次为罗浮柿 *Diospyros morrisiana*（1000株，252.53株/hm^2）、罗浮锥 *Castanopsis faberi*（819株，206.82株/hm^2）、木荷 *Schima superba*（739株，186.62株/hm^2）和网脉山龙眼 *Helicia reticulata*（620株，156.57株/hm^2）。

1701样地乔灌层植株密度为4134株/hm^2（含分枝和萌枝），或3768株/hm^2（不含分枝和萌枝）。数量最多的树种为假轮叶虎皮楠，共299株，密度299株/hm^2；其次为网脉山龙眼（244株，243株/hm^2）和黄心树（241株，241株/hm^2）。

1702样地乔灌层植株密度为8806株/hm^2（含分枝和萌枝），或6543株/hm^2（不含分枝和萌枝）。数量最多的树种为粗脉桂，共650株，密度650株/hm^2；其次为木荷（546株，546株/hm^2）和罗浮锥（518株，518株/hm^2）。

3. 区系分析

除29种蕨类植物和26种待鉴定种子植物外，对样地内其余413种种子植物进行区系分析，结果如表4.25、4.26所示。陈禾洞省级自然保护区的种子植物82个科可划分为10个分布区类型，198个属划分为13个分布区类型。

从科的区系分析来看，植物科以热带性质为主，共54科，占总科数（除世界分布16科）的81.82%。分布型最多的为泛热带分布，其次为世界广布。

表4.25 种子植物科分布区类型及占比

序号	分布区类型	科数	比例(除世界广布,%)
1	世界广布	16	—
2	泛热带分布	35	53.03

（续）

序号	分布区类型	科数	比例(除世界广布,%)
3	东亚(热带、亚热带)及热带南美间断	9	13.64
4	旧世界热带	2	3.03
5	热带亚洲至热带大洋洲	4	6.06
6	热带亚洲至热带非洲	1	1.52
7	热带亚洲(即热带东南亚至印度-马来，太平洋诸岛)	3	4.55
8	北温带	10	15.15
9	东亚及北美间断	1	1.52
10	东亚分布	1	1.52
合计		82	100.00

表 4.26　种子植物属分布区类型及占比

	分布区类型	属数	比例(除世界分布,%)
1	世界分布	4	—
2	泛热带分布	54	27.84
3	热带亚洲和热带美洲间断分布	8	4.12
4	旧世界热带分布	23	11.86
5	热带亚洲至热带大洋洲分布	14	7.22
6	热带亚洲至热带非洲分布	7	3.61
7	热带亚洲(印度-马来西亚)分布	45	23.20
8	北温带分布	10	5.15
9	东亚和北美洲间断分布	14	7.22
10	旧世界温带分布及其变型	2	1.03
11	地中海区、西亚至中亚分布	1	0.52
12	东亚分布	12	6.19
13	中国特有分布	4	2.06
合计		198	100.00

从属的区系分析来看，植物属以热带性质为主，共 151 属，占总属数(除世界分布 4 属)的 77.84%，其中以泛热带分布居多，共 54 属，占总属数(除世界分布 4 属)的 27.84%。世界分布有 4 属，分别为薹草属、铁线莲属、悬钩子属和羊耳蒜属。中国特有分布 4 属，分别为伯乐树属、杉木属、石笔木属和双片苣苔属。

4. 优势科、属

①所有样地乔灌层中，植株数量最多的科为樟科，共 3535 株，占总植株数的 20.21%，其次为壳斗科和山茶科，各占 15.41%(2695 株)和 9.20%(1610 株)；含植株数量最多的属为锥属，共 1533 株，其次为柯属(1051 株)和樟属(991 株)。

物种数最多的科为樟科，共 40 种，占乔灌层物种数的 12.46%，其次为壳斗科和山茶科，各占 8.72%(28 种)和 7.79%(25 种)；物种数最多的属为冬青属，共 15 种，其次为柯属和山矾属(12 种)。仅含一个种的科有 37 科，如八角枫科、大风子科等。

②1701 样地含植株数量最多的科为樟科，植株主干数量最多的科为樟科，占 18.40%(691 株)。其次为壳斗科和山茶科，各占 16.17%(607 株)和 7.64%(287 株)。

植株主干数量最多的属为柯属，共 336 株，其次为润楠属(319 株)和锥属(250 株)。物种数最多的科为樟科(25 种)，其次为壳斗科(19 种)和山茶科(17 种)；物种数最多的属为冬青属和山矾属(均为 9 种)，其次为锥属、柃属和柯属(均为 8 种)。

③1702 样地含植株数量最多的科为樟科，植株主干数量最多为樟科，占 23.74%(1551 株)，其次为壳斗科和山茶科，壳斗科占 19.64%(1283 株)，山茶科占 13.21%(863 株)。

植株数量最多的属为锥属，共 843 株，其次为樟属(609 株)和木姜子属(483 株)。物种数最多的科为樟科(27 种)，其次为壳斗科(20 种)和山茶科(11 种)；物种数最多的属为柯属(10 种)，其次为锥属(8 种)。

5. 珍稀濒危和保护植物

本文所指的珍稀濒危和保护植物均在《国家重点保护野生植物(第一批)》《中国生物多样性红色名录(高等植物卷)》《中国植物红皮书》《全国极小种群野生植物拯救保护工程规划》(2011—2015 年)、《中国物种红色名录》(植物部分)以及《濒危动植物种国际贸易公约(CITES)》(附录，2013 版)文件中。

样地内珍稀濒危和保护植物共 26 种，隶属 15 科 19 属，其中，蕨类植物 1 科 1 属 1 种、裸子植物 0 科 0 属 0 种和被子叶植物 14 科 18 属 25 种(单子叶植物 1 科 1 属 1 种、双子叶植物 13 科 17 属 24 种)。

五、样地群落结构

1. 植株数量及萌分枝、枯立木分布格局

1701 样地中胸径≥1cm 的个体 5438 株，其中存活的植物 5116 株，萌条 648 株，分枝 713 株，枯立木 322 株。乔灌层密度为 5116 株/hm^2(含分枝和萌条)，或 3755 株/hm^2(不含分枝和萌条)。数量最多的树种为假轮叶虎皮楠，共 299 株，其次为网脉山龙眼(244 株)和黄心树(241 株)。

1702 样地有胸径≥1cm 的个体 9150 株(含分枝和萌枝)，除枯立木外主干 6533 株(不含分枝和萌条)，其中存活的植物 8776 株，萌条 1383 株，分枝 860 株，枯立木 374 株。乔灌层密度为 8776 株/hm^2(含分枝和萌条)，或 6533 株/hm^2(不含分枝和萌条)，数量最多的树种是粗脉桂(651 株)，其次为木荷(546 株)和罗浮锥(523 株)。

2. 物种优势度

(1)乔灌层物种优势度

各样地乔木层树种重要值见表 4.27。

表 4.27　2 个 $1hm^2$ 样地乔灌层树种重要值>1 的树种

样地	种名	重要值	相对显著度	相对多度	相对频度
1701	黄心树	8.43	16.94	4.77	3.58
	美叶柯	5.40	12.50	1.97	1.75
	栲	4.26	7.52	2.61	2.64
	假轮叶虎皮楠	3.53	1.58	5.62	3.41
	网脉山龙眼	3.37	1.13	5.35	3.63
	深山含笑	3.08	3.94	2.53	2.78
	硬叶柯	2.88	5.63	1.23	1.79
	粗脉桂	2.70	1.22	3.78	3.09
	黧蒴锥	2.65	4.26	2.16	1.52
	罗浮柿	2.27	1.70	2.56	2.55
	大叶柯	2.24	3.37	1.78	1.57
	凹叶冬青	2.01	1.59	2.42	2.02
	狗骨柴	1.75	0.20	2.96	2.11
	柳叶润楠	1.72	0.26	2.61	2.28
	赤楠	1.71	0.57	2.53	2.02
	樟叶泡花树	1.65	1.79	1.62	1.52
	硬壳柯	1.52	1.71	1.46	1.39
	细齿叶柃	1.51	0.94	1.89	1.70
	罗浮锥	1.45	1.59	1.15	1.61
	日本杜英	1.34	0.85	1.54	1.61
	变叶榕	1.28	0.47	1.62	1.75
	山矾	1.28	0.75	1.60	1.48
	吊钟花	1.21	0.47	1.76	1.39
	密花树	1.19	0.80	1.65	1.12
	黄牛奶树	1.16	1.02	1.46	0.99
	红辣槁树	1.06	1.61	0.80	0.76
	少叶黄杞	1.05	0.54	1.30	1.30
	卵叶玉盘柯	1.04	1.07	0.88	1.16
	密花山矾	1.03	0.40	1.33	1.34
1702	罗浮锥	7.73	13.45	6.31	3.42
	木荷	6.98	10.78	7.13	3.04
	粗脉桂	6.40	7.35	8.27	3.58
	罗浮柿	4.58	4.32	5.98	3.42
	黧蒴锥	4.23	7.73	3.23	1.73
	硬壳柯	3.05	3.93	2.68	2.54
	少叶黄杞	3.02	2.54	3.95	2.58
	豺皮樟	2.42	0.86	3.49	2.92
	鹿角锥	2.38	3.86	1.78	1.50

（续）

样地	种名	重要值	相对显著度	相对多度	相对频度
1702	披针叶杜英	2.23	2.50	1.88	2.31
	硬叶柯	2.21	3.64	1.32	1.69
	深山含笑	2.17	2.36	1.91	2.23
	网脉山龙眼	2.15	0.82	2.89	2.73
	日本杜英	2.01	2.42	1.53	2.08
	赤楠	1.93	0.99	2.56	2.23
	光叶山矾	1.90	1.17	2.45	2.08
	假轮叶虎皮楠	1.75	0.47	2.48	2.31
	厚皮香	1.73	0.91	2.10	2.19
	狗骨柴	1.69	0.38	2.86	1.85
	尖脉木姜子	1.66	0.53	2.17	2.27
	短序润楠	1.37	1.15	1.24	1.73
	黄丹木姜子	1.35	0.79	1.27	2.00
	密花树	1.30	1.40	1.22	1.27
	栲	1.27	0.79	1.33	1.69
	杜英	1.24	2.28	0.70	0.73
	香港新木姜子	1.08	0.87	0.99	1.38
	广东琼楠	1.08	0.46	1.12	1.65
	变叶榕	1.01	0.32	1.13	1.58

1701 样地乔灌层中重要值≥1 的物种共 29 种，重要值最大的种为黄心树(8.43)，其次为美叶柯(5.40)和栲(4.26)。相对显著度最大的种为黄心树(16.94)，相对多度最大的种为假轮叶虎皮楠(5.62)，相对频度最大的种为网脉山龙眼(3.63)。

1702 样地乔灌层中重要值≥1 的物种共 28 种，重要值最大的种为罗浮锥(7.72)，其次为木荷(6.98)和粗脉桂(6.40)。相对显著度最大的种为罗浮锥(7.73)，相对多度最大的种为粗脉桂(8.27)，相对频度最大的种为粗脉桂(3.58)。

(2)草本层物种优势度

各个样地草本层中重要值排名前 10 的物种见表 4.28。

表 4.28　2 个 1hm² 样地草本层中重要值排名前 10 的物种

样地	种名	重要值	相对盖度	相对频度
1701	黧蒴锥	5.35	8.41	2.30
	箬竹	3.57	5.42	1.72
	白果香楠	3.44	2.86	4.02
	美丽复叶耳蕨	3.43	5.13	1.72
	罗浮锥	3.21	3.35	3.07
	网脉山龙眼	3.16	2.49	3.83
	弯羽鳞毛蕨	3.08	2.71	3.45
	割鸡芒	2.90	3.31	2.49
	密花树	2.81	4.67	0.96
	红褐柃	2.17	2.42	1.92

（续）

样地	种名	重要值	相对盖度	相对频度
1702	苦竹	9.66	17.67	1.65
	箬竹	7.36	12.52	2.21
	黧蒴锥	6.03	8.76	3.31
	罗浮锥	3.91	3.04	4.78
	密花树	3.59	4.42	2.76
	白果香楠	2.40	1.85	2.94
	黑莎草	2.34	2.11	2.57
	豺皮樟	2.23	1.33	3.13
	茜树	2.18	0.68	3.68
	赤楠	2.15	1.54	2.76

1701样地草本层重要值最大的种为黧蒴锥(5.35)，其次为箬竹(3.57)和白果香楠(3.44)。相对盖度最大的种为黧蒴锥(8.41)，相对频度最大的种为白果香楠(4.02)。

1702样地草本层重要值最大的种为苦竹(9.66)，其次为箬竹(7.36)和黧蒴锥(6.03)。相对盖度最大的种为苦竹(17.67)，相对频度最大的种为罗浮锥(4.78)。

3. 多样性指数

(1)乔灌层多样性指数

物种丰富度指数用以反映群落中物种数的多少，由表4.29可知，陈禾洞自然保护区的物种丰富度指数较高，总体达到34.80。其中1701样地的丰富度指数最靠前，主要由于1701样地面积较之其他样地要大，囊括的植株数量、种类更多，因此物种丰富度指数最大，而1702样地可能由于人为干扰与环境因素，面积广物种丰富度却较低。Simpson多样性指数反映个体的优势度，数值越小优势种的优势地位越明显。香樟地Shannon-Wiener指数与Simpson指数均较高，表明群落中的上层优势树种优势度较为平均，树种间多度较均匀，种群配置趋于合理。Pielou均匀度指数反映群落物种构成的均匀程度定性，1702样地均匀度指数低于0.8，表明这个样地的物种构成较不均匀，稳定性较低。

表4.29　2个1 hm^2 样地乔灌层多样性指数

样地号	物种丰富度	Shannon-Wiener	Simpson	Pielou均匀度
所有样地	34.80	4.73	0.99	0.81

（续）

样地号	物种丰富度	Shannon-Wiener	Simpson	Pielou 均匀度
1701	20. 41	4. 29	0. 98	0. 84
1702	17. 19	3. 93	0. 97	0. 78

(2)草本层多样性指数

各样地草本层多样性指数如表 4. 30 所示。1701(21. 06)、1702(19. 34)的物种丰富度指数排前，与样地面积有较大关系。Shannon-Wiener 指数反映个体的集中度，数值越大，物种集中度越低，樟地 1701 和 1702 的 Shannon-Wiener 指数均高于 4，表明 1701、1702 两样地物种集中度低。两个样地的 Simpson 多样性指数均较大，表明所选这些样地的草本层均无占据绝对优势地位的优势种。样地 1701、1702 的 Pielou 均匀度指数较高，表明这 2 块样地的物种构成较均匀，稳定性好。

表 4. 30　2 个 1 hm^2 样地草本层多样性指数

样地号	物种丰富度	Shannon-Wiener	Simpson	Pielou 均匀度
1701	21. 06	4. 49	0. 98	0. 92
1702	19. 34	4. 33	0. 98	0. 90
所有样地	39. 67	5. 13	0. 99	0. 89

六、样地种面积曲线

对 1701 样地和 1702 样地乔灌层物种(将未鉴定的植株当作不同的物种)进行分析，绘制种–面积曲线(图 4. 3)和种–个体曲线(图 4. 4)，以 10m × 10m 为取样尺度。

①1701 样地记录到 169 种(含待鉴定 6 种)，当取样面积达到 2000m^2时，包含的物种数量达到 112 种，占总物种数的 66. 27%；当取样面积达到 4000m^2时，包含的物种数量达到 137 种，占总物种数的 81. 07%；当取样面积达到 8000m^2时，包含的物种数量达到 160 种，占总物种数的 94. 68%。

当取样植株数达到 1000 株时，包含的物种数量达到 125 种，占总物种数的 73. 96%；当取样植株数达到 2000 株时，包含的物种数量达到 147 种，占总物种数的 86. 98%；当取样植株数达到 3000 株时，包含的物种数量达到 161 种，占总物种数的 95. 27%。

②1702 样地乔灌层共记录到 152 种(含待鉴定 6 种)，当取样面积达到 2000m^2时，包含的物种数量达到 103 种，占总物种数的 67. 76%；当取样面积达到 4000m^2时，包含的物种数量达到 125 种，占总物种数的 82. 24%；当取样面积达到

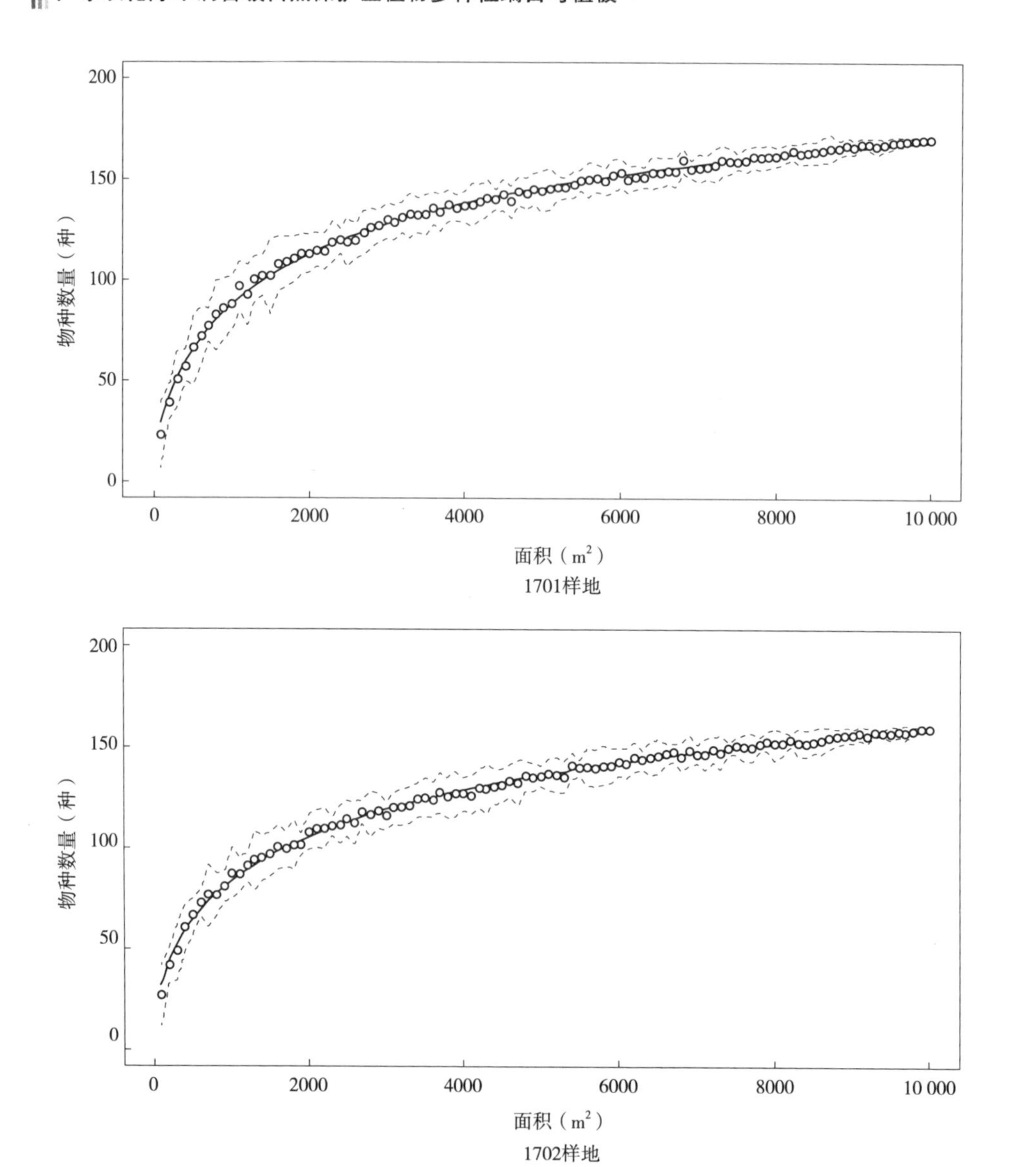

图 4.3　种-面积曲线

8000m²时，包含的物种数量达到 145 种，占总物种数的 95.40%。

当取样植株数达到 1000 株时，包含的物种数量达到 101 种，占总物种数的 66.45%；当取样植株数达到 3000 株时，包含的物种数量达到 133 种，占总物种数的 87.50%；当取样植株数达到 5000 株时，包含的物种数量达到 149 种，占总物种数的 98.02%。

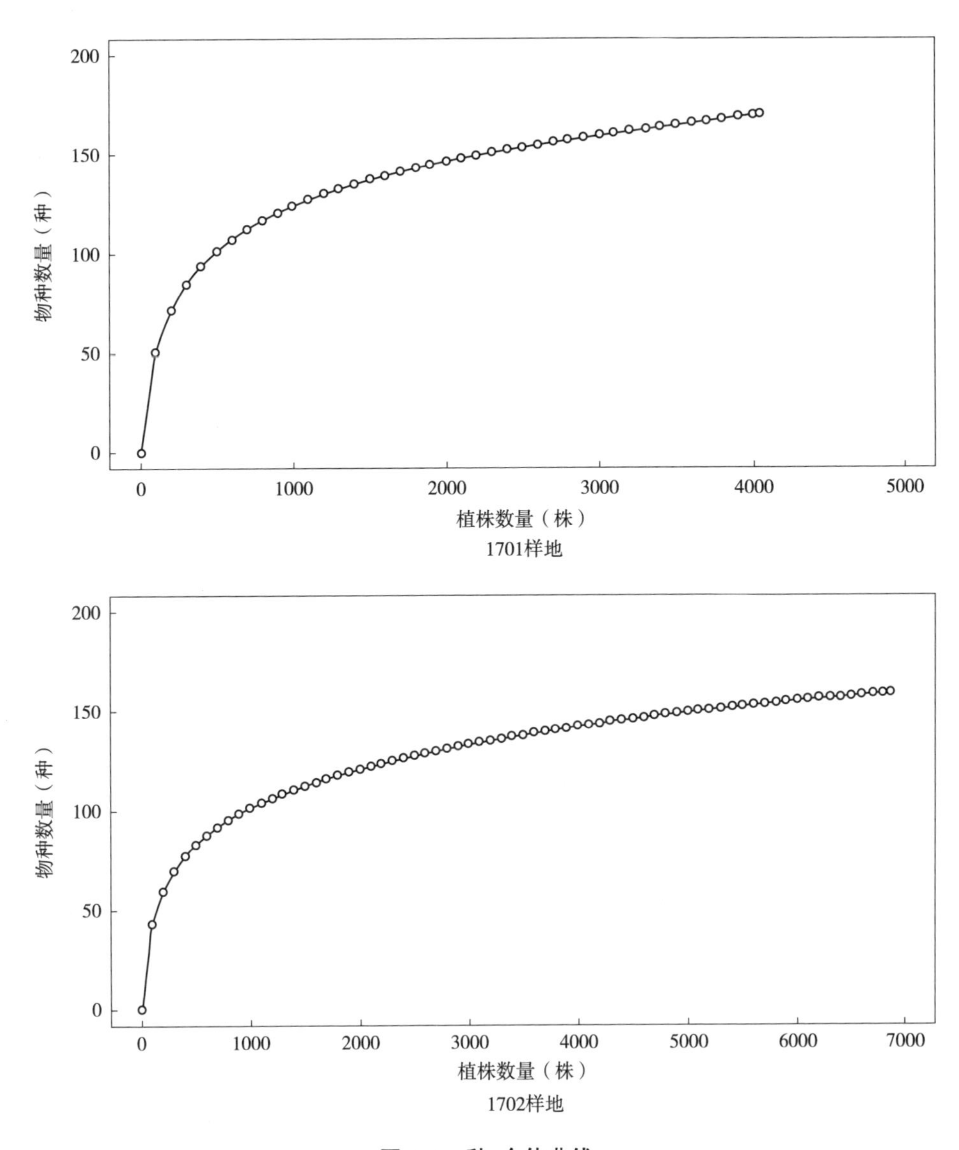

图 4.4 种-个体曲线

七、样地径级结构

2 个 $1hm^2$ 样地存活主干植株径级结构图见图 4.5。

①1701 样地乔灌层中，除萌条分枝外，3755 株胸径≥1cm 的存活植株平均胸径为 6.13cm，总胸高断面积为 23.8354m^2，平均胸高断面积为 0.0064m^2；胸径最大的植株为楝(60.1cm)，其次为卵叶玉盘柯(52.3cm)和米槠(48cm)；总胸

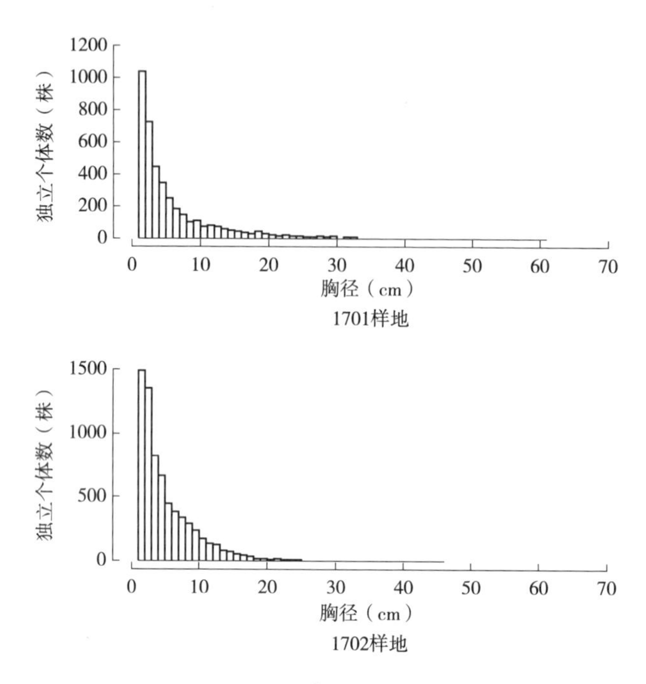

图 4.5　2 个 $1hm^2$ 样地植株径级结构

高断面积最大的种为黄心树（4.036m^2），其次为美叶柯（2.9787m^2）和栲（1.35m^2）。

胸径≤5cm 的植株共 2348 株，占总株数的 62.53%；胸径≤10cm 的植株共 3078 株，占总株数 81.97%；胸径≤15cm 的植株共 3394 株，占总株数 90.39%；胸径≥15cm 的植株共 361 株，占总株数 9.61%。

②1702 样地乔灌层中，除萌条分枝外，6533 株胸径≥1cm 的存活植株平均胸径为 5.25cm，总胸高断面积为 23.8736m^2，平均胸高断面积为 0.0037m^2；胸径最大的植株为尖脉木姜子（49.0cm），其次为黧蒴锥（45.9cm）和饭甑青冈（44.6cm）；总胸高断面积最大的种为罗浮锥（3.2113m^2），其次为木荷（2.5742m^2）和黧蒴锥（1.8845m^2）。

胸径≤5cm 的植株共 4097 株，占总株数的 62.71%；胸径≤10cm 的植株共 5700 株，占总株数 87.25%；胸径≤15cm 的植株共 6280 株，占总株数 96.13%；胸径≥15cm 的植株共 253 株，占总株数 3.87%。

八、样地主要优势种的空间分布格局

2 个 $1hm^2$ 样地所有植株及主要优势树种（各样地重要值排名前三的树种）存活主干植株空间分布图（图 4.6）如下。

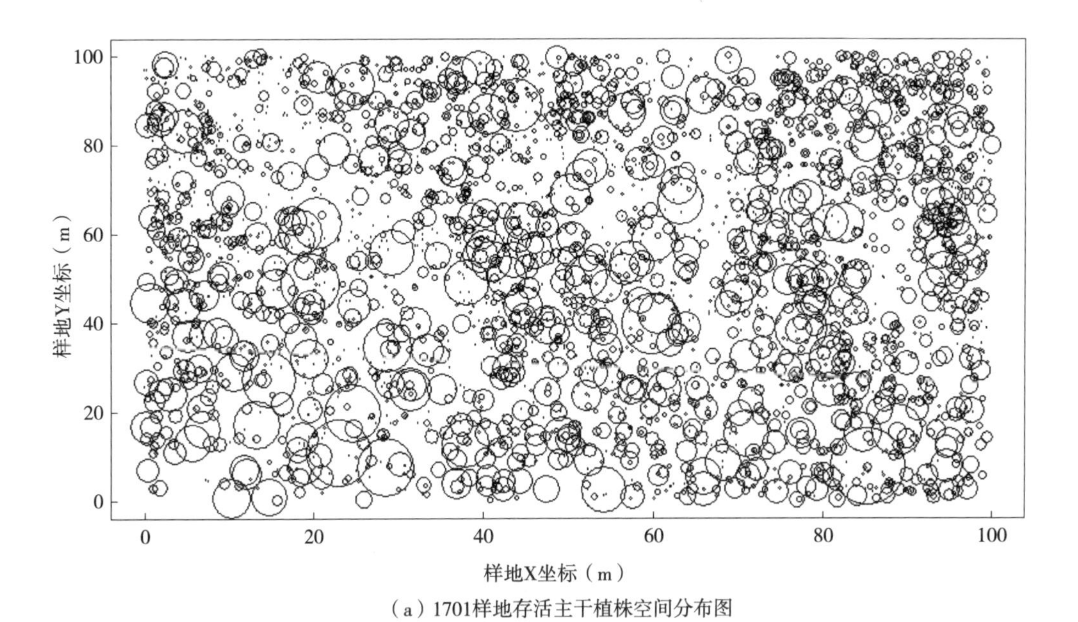

（a）1701样地存活主干植株空间分布图

注：图中圆圈大小表示个体胸径的大小。下同。

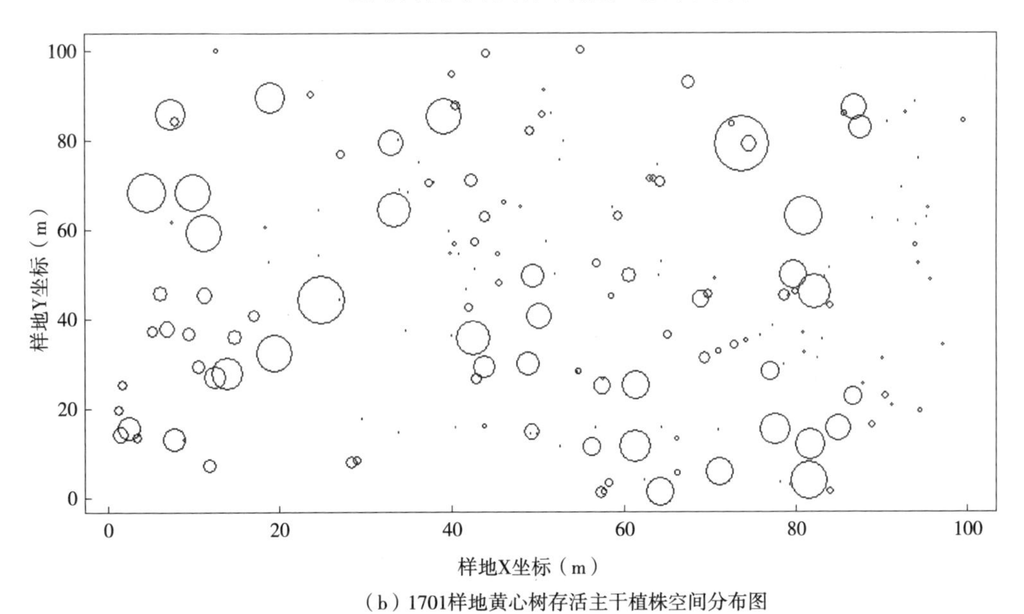

（b）1701样地黄心树存活主干植株空间分布图

图 4.6 2 个 $1hm^2$ 样地所有植株及主要优势树种空间分布图

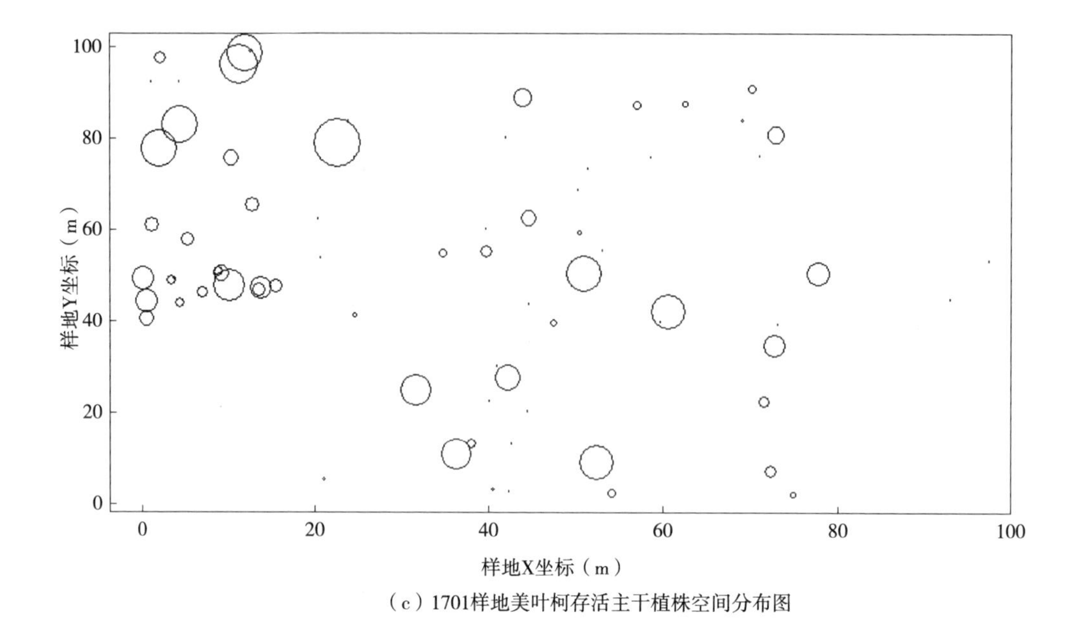

（c）1701样地美叶柯存活主干植株空间分布图

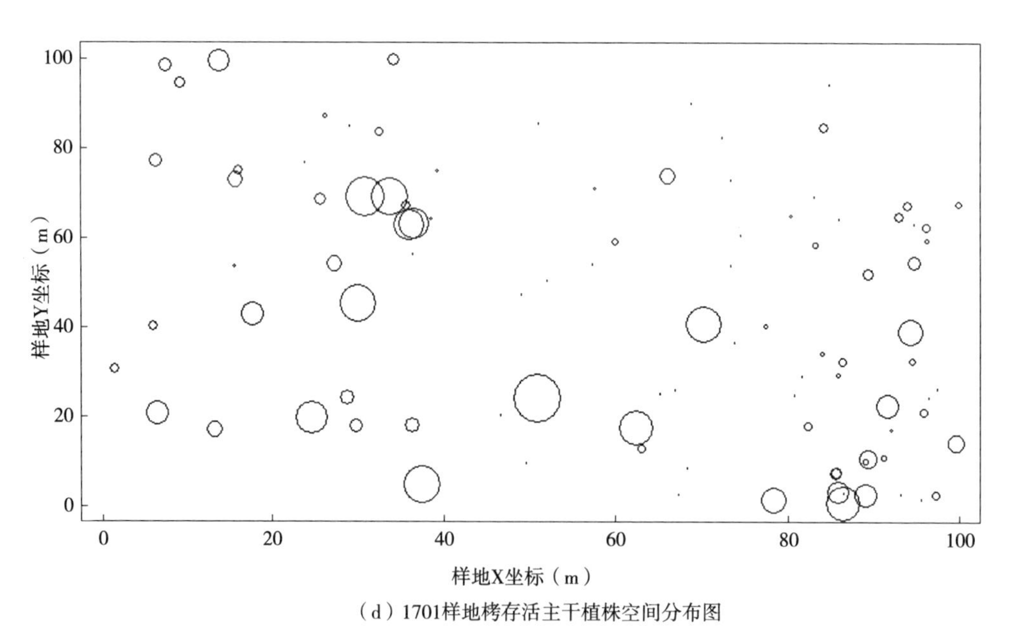

（d）1701样地栲存活主干植株空间分布图

图 4.6　2 个 1hm² 样地所有植株及主要优势树种空间分布图(续)

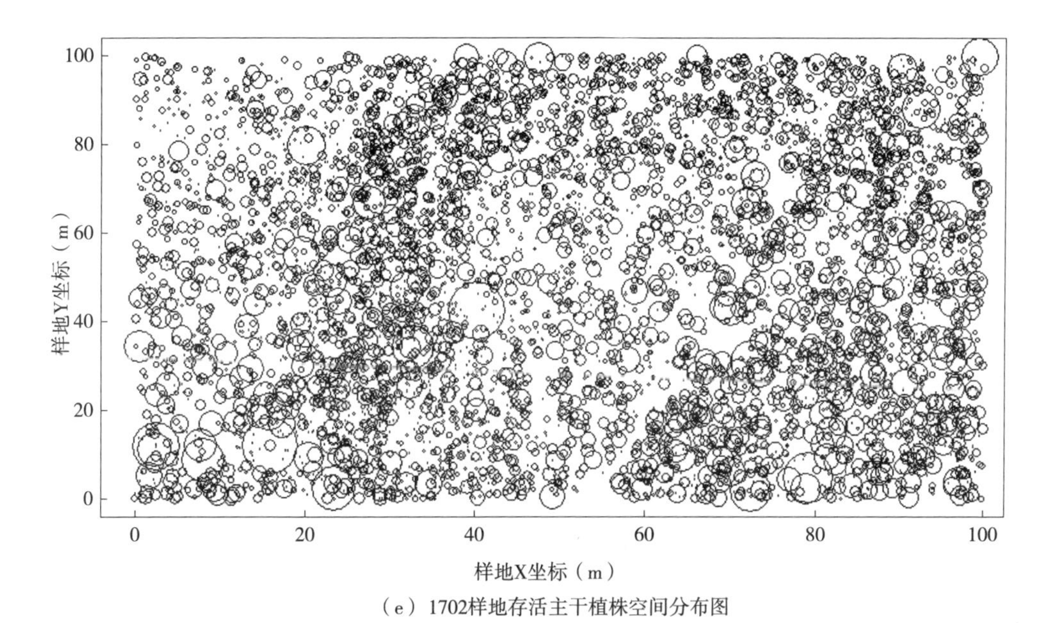

（e）1702样地存活主干植株空间分布图

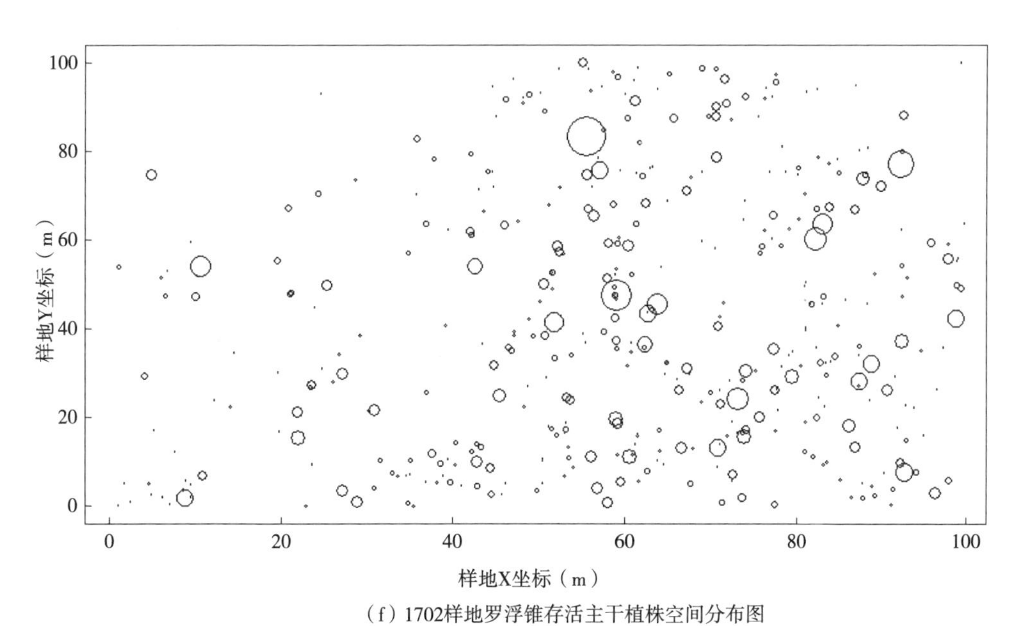

（f）1702样地罗浮锥存活主干植株空间分布图

图 4.6　2 个 1hm^{2}样地所有植株及主要优势树种空间分布图(续)

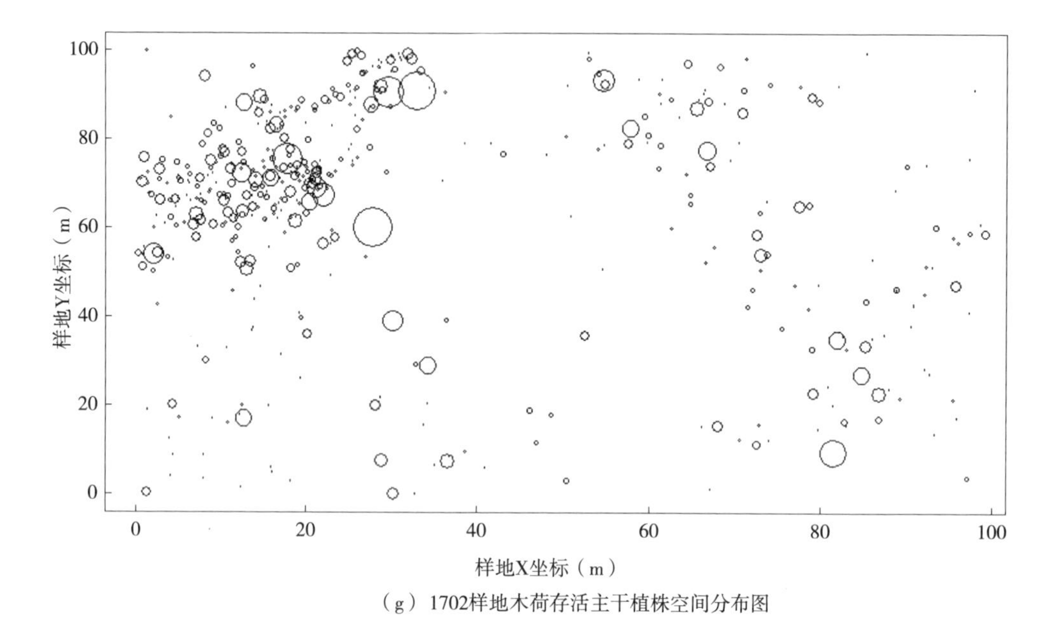

（g）1702样地木荷存活主干植株空间分布图

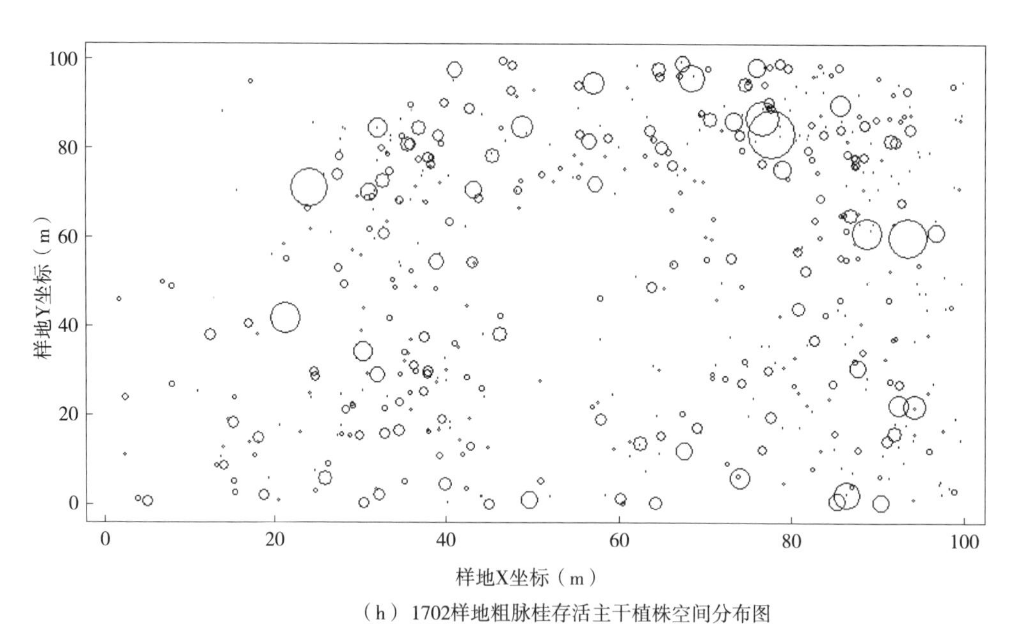

（h）1702样地粗脉桂存活主干植株空间分布图

图 4.6　2 个 1hm² 样地所有植株及主要优势树种空间分布图(续)

第六节 植被的演替

植被的演替是指在一地段上一种植被类型向另一种植被类型发展或是一种植物群落为另一种植物群落所替代的过程。植被演替过程，按其性质和发展方向可分为正向演替和逆向演替两类。正向演替是指植物群落在没有外来干扰的自然状态下，植物群落在组成成分和结构上，从简单到复杂，从低级向高级，从不稳定向稳定方向发展的过程；逆向演替则相反，是植物群落在外来因素的干扰下，群落组成和结构从复杂到简单，从高级向低级，从稳定向不稳定方向退化的过程。

陈禾洞保护区地处南亚热带地区，受季风海洋性气候条件影响显著，热量和雨量均较充沛，且水热同季，极有利于各种森林植被的生存和发展。地带性森林是高大茂密、植物种类众多、层次结构和优势种不甚明显的南亚热带季风常绿阔叶林，但长期人类活动的干扰使这些原生植被已消失殆尽，现状植被以各种次生植被和人工林为主。但只要加强保护，并辅助一定的人工措施促进其正向演替，本区域的森林植被是可以很快得到恢复的。本区的森林植被演替过程一般遵循下列演替规律：常绿阔叶林↔次生常绿阔叶林↔针阔叶混交林↔针叶林↔稀树灌草丛↔灌草丛↔次生裸地。一块原生性常绿阔叶林在人为干扰破坏下变为次生性常绿阔叶林；继续干扰，林窗扩大，被针叶树侵入，成为针阔叶混交林；针阔叶混交林的阔叶树若继续受干扰破坏，就成为纯针叶林；纯针叶林再继续受干扰破坏便成为针叶稀树灌草丛；若继续破坏，针叶树消失，则退化到灌草丛；继续干扰则直至退化到次生裸地。相反，在逆向演替的过程中，任何阶段只要停止干扰破坏，群落都能沿正向演替方向发展，最后演变成常绿阔叶林。

第七节 植被资源的保护与可持续利用

植被资源是人类共同拥有的可再生的重要自然资源，森林生态系统是陆地生态系统的主体，森林植被不仅为人类提供了大量的木材和各种林副产品，还蕴藏着丰富的动植物资源，并具有涵养水源、保持水土、调节气候、净化大气、防风治沙、抗旱防涝、森林旅游、怡养心情等诸多功能。因此，如何利用有限的土地资源，构建适应区域发展需要的各种森林植被类型，显得尤为重要。

根据本次调查，陈禾洞省级自然保护区的主要植被类型为山地常绿阔叶林和季风常绿阔叶林，两者的面积合计可逾 4900hm^2，占保护区总面积的 70%左右，充分说明保护区建立以来的保护成效是显著的。

根据保护区 2009 年编制的总体规划，保护区还有约 480hm^2的针叶林（包括马尾松林和湿地松林)。本次调查发现，除少量人工湿地松林(面积约 27.1hm²)还保持为针叶林状态之外，其余常绿针叶林已基本演替到针阔混交林类型，这一方面说明本地区水热条件优越，只要保护措施有力，植被的进展演替是很快的；另一方面也说明保护区的保护成效显著，这些林分能自然进展演替，没有再受到人为因素的干扰。

但是，相比 2009 年的资料，保护区毛竹林面积有所增加，从约 250hm²增加到约 350hm²，这可能是由于近年来村民生产生活成本增加，加大了毛竹林的经营面积，也可能是毛竹自然入侵到次生性阔叶林中，形成较大面积的竹树混交林所造成的。根据 2017 年 5 月 1 日起实施的《广东省森林和野生动物类型自然保护区管理办法》(省政府令 233 号)和《广东省林业厅关于贯彻实施〈广东省森林和陆生野生动物类型保护区管理办法〉的通知》，对保护区内或周边社区的居民可在保护区实验区内划定一定面积的居民生产生活区，在遵守自然保护区有关法律法规的前提下，保障区内居民从事种植、养殖等生产活动。毛竹林是本保护区社区居民的主要生产生活来源，可根据有关要求，为居民划定适当的生产生活区，让社区居民共享改革开放成果。

此外，保护区还有约 194hm²的速生桉树林，除位于保护区入口处小面积桉树林已自然演替到阔叶混交林外，还有约 190hm²的人工商品林。根据自然保护区的有关规定，区内不得经营外来单一树种商品林的要求，保护区可根据实际情况需要，与有关责权人商议，将这些部分的人工桉树逐步改造成以乡土阔叶树种为主的林分，并纳入生态公益林管理。

保护区北部与周边村民接壤的山脚坡地及小杉村、九曲水村等村庄附近，还有较大面积的果园，面积约有 200hm²，主要种植有砂糖橘、沙田柚、桃、李、梅、油茶等作物。保护区也可按前述政府令等文件精神，将这些区域划定为居民生产生活区，保护社区居民的生产生活权益。

参考文献

高一丁，2010. 云开山自然保护区种子植物区系及植物资源[D]. 呼和浩特：内蒙古农业大学.

广东省植物研究所，1976. 广东植被[M]. 北京：科学出版社：178-182.

蒋奥林，朱双双，李晓瑜，等，2017. 2008-2016年间广州市外来入侵植物的变化分析[J]. 热带亚热带植物学报，25(3)：288-298.

李锡文，1996. 中国种子植物区系统计分析[J]. 云南植物研究(04)：3-24.

李意德，何克军，许涵，等，2015. 自然保护区维管束植物多样性调查与监测技术规范[S]. 广东省地方标准 DB44/T 1792-2015.

林有润，韦强，谢振华，2010. 有害植物[M]. 广州：南方日报出版社.

陆树刚，2007. 蕨类植物学[M]. 北京：高等教育出版社.

吕霖，夏玉叶，侯学良，等，2016. 江西婺源森林鸟类自然保护区种子植物区系分析[J]. 中南林业科技大学学报，36(010)：48-53.

王伯荪，余世孝，彭少麟，等，1996. 植物群落学实验手册[M]. 广州：广东高等教育出版社.

王瑞江，2010. 广州陆生野生植物资源[M]. 广州：广东科技出版社.

吴征镒，1979. 论中国植物区系的分区问题[J]. 云南植物研究，1(1)：1-24.

吴征镒，1980. 中国植被[M]. 北京：科学出版社.

吴征镒，1991. 中国种子植物属的分布区类型[J]. 云南植物研究，增刊IV：1-139.

吴征镒，周浙昆，李德铢，等，2003. 世界种子植物科的分布区类型系统[J]. 云南植物研究(03)：245-257.

修晨，欧阳志云，郑华，2014. 北京永定河-海河干流河岸带植物的区系分析[J]. 生态学报，1(6)：1535-1547.

严岳鸿，易绮斐，黄忠良，等，2004. 广东古兜山自然保护区蕨类植物多样性对植被不同演替阶段的生态响应[J]. 生物多样性，12(3)：9.

臧得奎，1998. 中国蕨类植物区系的初步研究[J]. 西北植物学报(03)：148-154.

中国科学院《中国自然地理》编辑委员会，1983. 中国自然地理(上册)[M]. 北京：科学出版社.

Condit, R. 1998. Tropical Forest Census Plots: Methods and results from Barro Colorado Island, panama and a comparison with other plots [M]. Springer-Verlag, Berlin.

附图1　陈禾洞省级自然保护区植被图

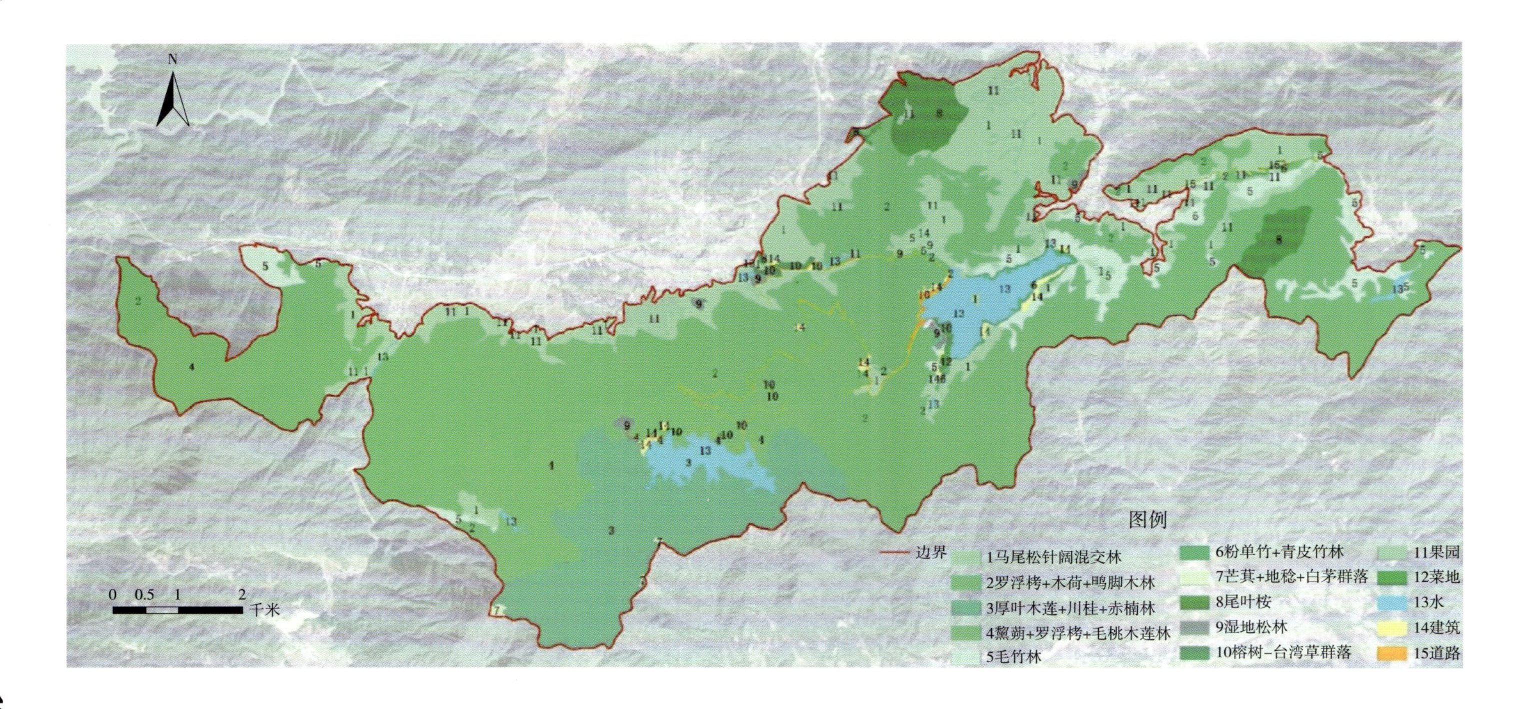

附图2 陈禾洞省级自然保护区马尾松针阔叶混交林外貌

附图3 陈禾洞省级自然保护区次生性季风常绿阔叶林外貌

附图4 陈禾洞省级自然保护区南亚热带山地常绿阔叶林罗浮栲+厚叶木莲+赤楠林外貌

附图5 陈禾洞省级自然保护区南亚热带山地常绿阔叶林黧蒴+罗浮栲+毛桃木莲林外貌

附图6　陈禾洞省级自然保护区毛竹林外貌